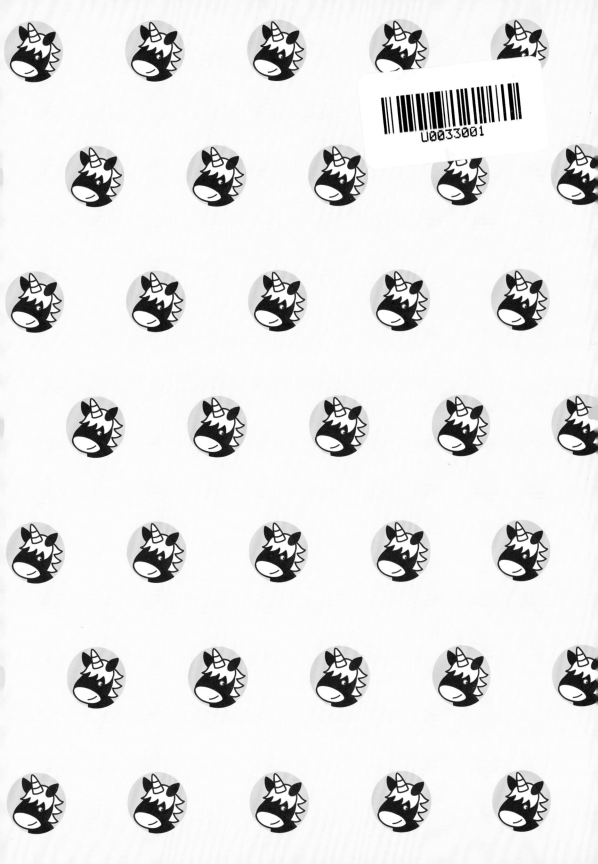

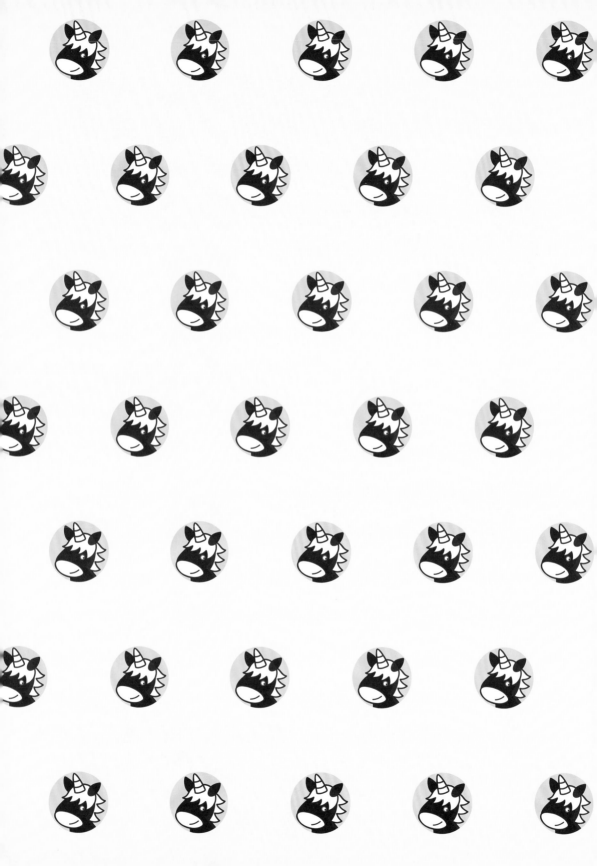

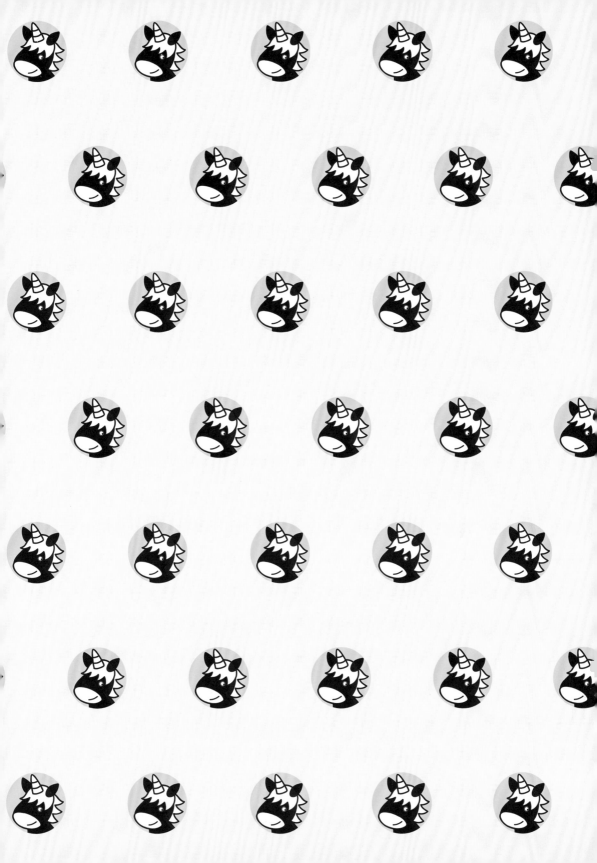

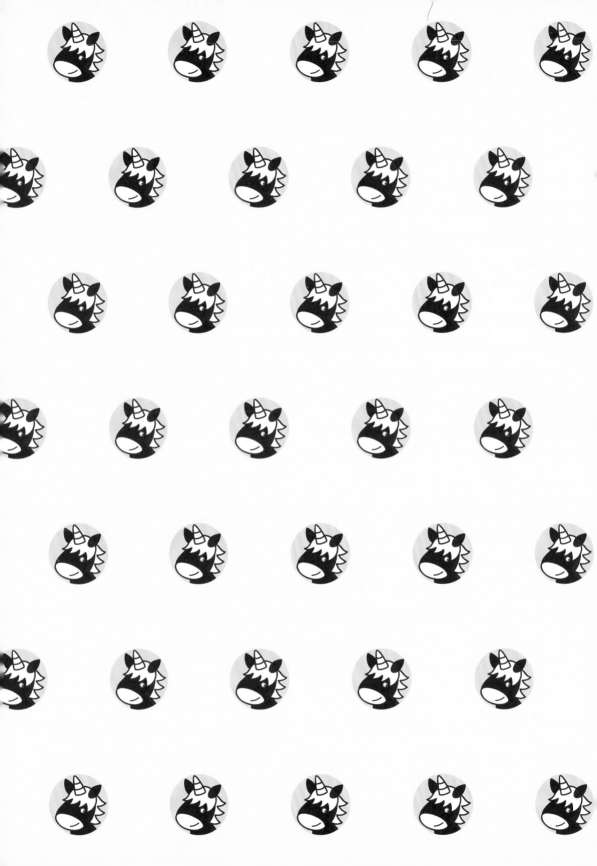

黑主任 ——— 著

升職加薪必備！

職場黑馬
簡報術

讓你不再莫名踩地雷，
在每個關鍵時刻脫穎而出！

000357

目次
Contents

一、簡報心法篇

拋棄學生思維！
讓你受用終身的職場簡報心法

二、職場高效篇

高效職場人必學！和熬夜加班說掰掰

三、職場情境篇

製作商業企畫簡報的必備技能！

四、職場闖蕩篇

武裝自己的大腦，升級闖關能力！

五、創業融資篇

讓商業計畫書贏在邏輯力

六、舞台演講篇

屬於你的舞台就勇敢站上去！

作者序

2016 年 1 月 13 日。

離開喧囂的公司年會現場，告別了醉醺醺的同事們後，我拖著極度疲憊的身軀，坐上了空蕩蕩的地鐵回家。車程漫長，適合放空，在失神間我陷入了一陣改變了我未來人生軌道的沉思。如果沒有這一次沉思，或許今天的黑主任也就不會為你所知。

在恍惚中，我回憶了過去幸運的一年，剛畢業就進入了一個受時代所青睞、正蓬勃發展的行業，職涯發展上「水漲船高」是個大機率事件，不久前還收到了心儀公司發來的誘人 offer，正準備跳槽。

我想即使沒有走大運，只要不斷努力工作並重複升職跳槽的晉升道路，我早晚能坐上一個不需太擔心薪水和失業的位置，這可能也是大部分沒有社會資源和背景的人所能達到的職場天花板。

待年紀越長，年輕時的衝勁逐漸被磨滅，我可能會沉溺在平淡發福的日子裡，工作之餘就想著發展一些興趣愛好來打發繁瑣的人生。這種彷彿能一眼望到頭的生活，或許是一種幸福，但何嘗不是一種痛苦呢？

知名職場作家李栩然說過：「每個人都有束縛自己的繭，未破之前都過著蟲一樣的人生……在這樣的繭裡，如果我們睡懶覺可能不會覺得多難受，而一旦開始思考，就會感知到被束縛的痛苦。」

正是在這一晚，我清晰感受到了束縛著自己的繭，也就是在這一晚，我下定決心要打破這層繭，打破這種隨波逐流、工作忙碌但人生無為的狀態。

我想在往後人生中，盡可能多經歷那些令我感到興奮和有趣的事，但具體該做什麼？怎麼做？和大多數迷茫失落的年輕人一樣，我沒有明確的答案。

可若是因為沒有方向就放任不管，那晚在心裡埋下的種子，就永遠不會有發芽的一天。

　　我選擇踏出的第一步就是刻意學習，我開始有規畫地向外界汲取養分，看了很多書，上了很多課，付費進入行業圈子，去接近業界優秀的人。在借鑑他人的成功經驗、向上生長的這段過程中，只要有一個概念，有一段話能讓我眼前一亮，那麼我所投入的時間和金錢就是值得的。

　　在成為黑主任之後，有很多茫然的年輕人和我鼓吹「學習無用論」，他們也曾經學了很多東西，但到頭來，卻發現這些對生活現狀沒任何幫助，從此放棄學習。

　　對此我想說，成年人的學習和學生時代不同，不再有老師用考試成績幫你量化讀書成果，你的熬夜苦讀也不再會得到同學和父母的讚揚。

　　成年人的學習要賦予其明確的意義，你不是為了學而學，也不是為了取悅他人而學。你要為自己的成長而學，你現在為學習所付出的每一份時光，收獲的每一點成長，都將成為當未來的你站上名為「機會」舞台時的底氣。

　　在某次學習交流會上，我和一位演講嘉賓相談甚歡，他對我當時在研究的行銷議題很感興趣，會後他主動邀請我到他的公司做一次企業內訓，我的答案當然是「YES」！

　　從嚴格意義上來說，那是我第一次踏上正式的演講舞台，我永遠忘不了那天在講台上的感受，那種激情澎湃、自信而充盈的感覺至今記憶猶新。台下學員們關注的神情和私下發來的感謝，讓我萌生了一個念頭：「我想要影響更多的人，我想要出一堂自己打磨的網路課程，或許再出幾本書？乾脆開個自媒體吧！」那一刻，深埋在心裡的種子第一次發芽了。

　　2017 年，一紙徵兵公文把我帶回了台灣，這次回台灣讓我得以有機會實現心中的自媒體之夢。因緣際會下，我認識了非常有職涯智慧的外商經理人 Mandy 和才華橫溢的設計師 Wendy，我們三人一拍即合，於 2018 年成立了致力於分享個人成長和職場提升的知識自媒體──「職場黑馬學」，我們也有了全新的稱號──「黑主任」。

　　我懂網路行銷打法；Mandy 擅長商務談判；Wendy 能繪製出靈動的 IP 圖畫。三人協調互補的能力組合，再加上一點點好運氣，讓「黑主任」的名氣迎來快速性增長。然而，我們趁著流量紅利迅速開課賺錢了嗎？並沒有，由於我

們在各自的主業和其他生意上發展得還不錯，因此也有足夠的耐性進行持續性創作。

這幾年來，我們在粉專上發布了幾百篇貼文，和大家分享並探討了關於職場技能、個人成長和事業發展背後的底層邏輯和最新思考。這既是在回歸自我，同時也是希望能夠在不經意間，為迷茫失落的某個人在至暗時刻裡點亮一盞燈——這就是我們創辦「職場黑馬學」的初衷。

「職場黑馬學」是一個高產型粉專，我們創作貼文的速度非常快，與之形成鮮明對比的，是我們「龜速」的開課速度。

直到 2019 年 9 月，我們與 YOTTA 合作的第一堂網路公開課「職場黑馬必勝簡報術」才正式上架，同年 12 月，有幸受如何出版社邀約出書，很高興能將網路課程的一部分內容以這本書的形式和大家見面。

人做一件事的動機是很重要的，寫這本書也讓我有機會審視自己的內心和初衷。在交完所有正文稿件後，我開始動筆寫本篇作者序。

寫些什麼好呢？看了眼日曆，現在是 2020 年 4 月 17 日晚上，距離在地鐵上沉思的那晚已過去了 4 年 3 個月。回憶這段精采的旅程，我決定寫下當初迷茫的自己，和你分享我在成為黑主任前的故事。

我希望透過自身故事告訴你，追隨自己的內心去創造人生的可能性並沒有多難。

或許你現在正處於迷茫失落的谷底；或許你正因攀比失敗感到焦慮和憤怒；或許你有著很大的夢想但根本不知道如何達成，這都沒有關係。只要追隨自己心之所向，你終歸會找到自己的路，找到自己要去的地方。

當你不再環顧左右，專注做自己的事，你就能找到目標的達成路徑。接下來就是給自己足夠的時間，一個階段接一個階段地去突破，用持續的時間換取進步的空間。

等到時間過去，當你回過神來，會發現居然已經和曾經的自己拉開了這麼大的距離，而先前遙不可及的目標就在眼前，唾手可得。

最後我想說，請你一定要有耐性。我很喜歡一句話：「不能勝寸心，安

能勝蒼穹？」指望一蹴而就是不現實的，達成長遠的目標需要高質量的長期專注。與最終成功的短暫時刻相比，我們更多的時間和精力是花在旅途上，因此好好享受這一過程，不要急於求成，更不要因為短暫的挫折就妄自菲薄，一切都會功到渠成。

　　人生就是一場體驗，在實現一個個目標過程中所看到的風景、經歷的事、認識的人就是最大的獎勵，盡情體驗就好。當你意識到這點後，就不會再瞻前顧後，你會開始按自己喜歡的方式安排人生，同時還會收穫一種不計得失，不畏虎狼的勇氣。

掃描 QR CODE，了解更多
「職場黑馬的必勝簡報術」課程相關內容！

一、簡報心法篇

拋棄學生思維！
讓你受用終身的
職場簡報心法

學好職場 PPT 到底有多重要？

一個好的領導，要能掌握時機，振臂一呼。同樣的，一個好的員工也要能
掌握時機，在關鍵時刻有所表現，抓住每一次被看見的機會。

　　黑主任一直在思考，在職場上，究竟是什麼能力，決定了一個人的職位高
低和升遷速度？又是什麼能力，決定了一個人的價值和不可替代性？

　　從小的教育告訴我們，學歷高、雙商高、有能力、肯努力的人就能出人
頭地。然而在現實中，我們也發現有許多早期備受期待的職場菁英，早早就獲
得令人羨慕的高薪工作，卻終其一生，只能在基層打工。反而更多的是一些像
你我般出身平凡的年輕人，在名為「職場」的這條長跑賽道中，一次次脫穎而
出、最終完成逆襲，成為很多菁英的老闆。

　　造成兩者結果間巨大差異的根本原因究竟是什麼？如果我們無法直視此問
題，那麼我們終其一生所做的努力，很可能就只是在「原地高抬腿」，每一下
都看似很努力，實際上卻沒有向前邁進。在這裡，黑主任想和你分享一個身邊
朋友的故事，讓我們一起找到這個答案。

01・那些完成了逆襲的職場黑馬們，
　　　究竟贏在了哪裡？

　　黑主任的好朋友 Alex，曾是某網路領頭企業備受期待的新人，憑藉著海外

名校的學歷光環和出色的面試表現，主管和 HR 總監對其印象極佳，不惜開出比同行高 50% 的價格簽下他。

上班第一天，連老闆都單獨約見了他，對他說：「小夥子，我看好你，好好幹。」

Alex 本人也很有信心，計畫用一年時間幹出成績，兩年內進入管理層，我們也都以為 Alex 能一路高歌猛進，迎來屬於他的榮光時刻。可兩年過去了，Alex 並沒有任何升職的跡象，反而是比他晚入職，只有二流學歷的新人小 B 受到了老闆的提拔。

Alex 十分不服氣，去找部門主管討說法——

「我們的確一開始對你抱有很大的期望，但是在這兩年的時間裡，有很多關鍵的表現機會你都沒有抓住。我不止一次收到客戶和同事的投訴，說你提案時的 PPT 不專業，被客戶抓住錯誤，讓整個團隊下不了台；在和老闆匯報工作時，也沒辦法表現團隊的工作價值，導致部門話語權越來越弱。就算我想給你升職，老闆不會同意，其他員工也不會服氣。

反觀小 B，專業能力和學歷雖然都不如你，但他總能在關鍵時刻有所表現。他的 PPT 做得很用心、很完美，好多客戶私下和我誇獎小 B 很可靠，案子交給小 B 負責他們很放心。至於工作匯報就更不用說了，現在面報老闆的工作都是由他獨立負責。你說像小 B 這種客戶滿意、老闆放心、同事服氣的員工，有什麼理由不把這次升職機會給他呢？」

事後，Alex 在自我反思時說到：以前學長姊和前輩們都建議我在 PPT 上多下點功夫，我沒有聽，一直以為 PPT 無非就是個工具，隨便套個模板或讓下面的人做就行了，現在我終於明白他們的用意了……

02 · PPT 不只是一個工具，
　　　　而是你在關鍵時刻的表現力

著名作家馮唐在《成事》一書中寫到：「一個好的領導，要能掌握時機，

振臂一呼。」同樣的，一個好的員工也要能掌握時機，在關鍵時刻有所表現，抓住每一次被看見的機會。

而綜觀職場上的關鍵時刻：工作匯報、客戶提案、產品發布、媒體宣講、融資路演……這些場景都有一個共通性，那就是「一份好的 PPT，勝過千言萬語。」

PPT 的重要性不言而喻，這也就能解釋當今職場上一種普適的現象 ──「PPT 能力強的人，更受老闆喜愛，升職加薪的速度也較普通職員更快。」

造成此情況的根本原因，並不是老闆們都對 PPT 情有獨鍾，**而是因為老闆們都更喜歡「關鍵時刻表現能力」強的人。**

比如在客戶面前，一份充滿閃光點的提案簡報，可以為公司的品牌和專業形象加分，贏得客戶的認可和訂單，事半功倍；反之，任何一個你認為無所謂的瑕疵失誤，都可能被客戶打上「不可靠」的標籤印象，導致原本即將到手的案子被對手半路截胡，前功盡棄。

2019 年初，新東方年會上的一個節目《釋放自我》的影片在社交媒體中瘋傳，進而造成輿論的轟動。原因只是影片中有段擊中當今職場人內心痛處的歌詞：「**幹得累死累活，那又怎樣，到頭來幹不過寫 PPT 的。**」

這句話引發了廣大職場人的強烈共鳴，聽起來是諷刺公司的管理現狀，但理性想想，這何嘗不是側面道出了職場上「**懂得表現的人更吃香**」的真理？

肯努力的人，要懂得被老闆看見自己的努力。
有創意的人，要懂得讓自己的想法引人注目。

然而真正意識到這一點，重視簡報價值的職場人卻是少數。雖然現在，每個人在履歷上，都會模板化地寫上一句「精通 PPT 等 office 軟體」，但真正會做 PPT 的人真的不多，懂得做職場簡報的更是少之又少。

更多的職場人只是把它當成了一項基礎技能、一個不起眼的小事，更有甚者認為大學所學的 PPT 技巧就足夠應付職場上的需求了，從不試圖加以精進。

直到在工作中，在這個不起眼的小事上栽了跟頭、吃了虧，才又回過頭來，花更多的時間和精力去補足 PPT 的技能，得不償失。

正如知名電影《教父》中說的：「花半秒鐘就看透事物本質的人，和花一輩子都看不清本質的人，註定是截然不同的命運。」

03・在 PPT 這件小事上，藏著一個人的格局與高度

「成了主管和老闆，誰還自己花時間做 PPT ？」──這是職場上最廣為流傳、最為經典也最誤人前途的 PPT 無用論。

2016 年在北京舉行的國際體驗設計大會，堪稱是全球最具影響力的體驗設計峰會，演講嘉賓包括：微軟美國總部首席設計官、Uber 美國總部全球產品設計總監、frog 創意總監、GE 首席用戶體驗官等，來自全球的 13 位交互設計領域的頂級大咖齊聚一堂，他們都用精美的簡報向全世界傳遞了品牌調性與精神理念。

直到某頂尖網路公司的用戶體驗總監 L 先生上台，整個演講畫風突變，因 PPT 製作粗糙和審美低下，引起了現場觀眾的憤怒，甚至有觀眾忍不住直接大喊「你太 LOW 了！下去吧！」

你以為臉皮厚點演講結束就完了嗎？並沒有這麼簡單，大會結束後網路上引爆了對這次演講的批評浪潮，甚至延燒到 L 先生背後的公司身上，發聲者中還包括了幾位中國網路頗具影響力的重磅級人物，批評聲浪愈演愈烈。

事已至此，該公司不給出一個合理的交代是說不過去了。最終的結果是 L 先生失去了年薪 150 萬人民幣的工作，還有分 4 年兌現的 100 萬美金股票。

因為一份 PPT，高階主管的光環、人人羨慕的高薪、大好的未來前途，全都沒了。

PPT 真的有這麼重要嗎？其實，PPT 本身並不重要，但是播放 PPT 的場合、看 PPT 的人卻很重要！因為 PPT 的失誤，導致公司形象和業務的重大損

失，這個責任是誰也承擔不起。

「職場黑馬學」的聯合創始人 Mandy，先後任職了多家知名外商，是炙手可熱的經理人，根據多年的職場經驗她總結道：「好不容易當上了高階主管，更需要多爭取自己表現的機會，我親眼看過一位外商高階主管為了隔天的簡報，關起辦公室努力地演練再演練……因為他知道以他的位階，簡報表現不好專業會受質疑，且難以成為下屬的標竿，無法發揮榜樣作用。」

即使優秀如 Apple 的賈伯斯、邏輯思維的羅振宇、小米的雷軍等人，在演講前都曾為 PPT 付出諸多心血。而他們每一次的演講，都在網路上引發後續的現象級傳播。PPT 永遠是傳播的亮點，這時再去探究這 PPT 究竟是不是他們親自動手製作，又有什麼意義呢？

所以並不是當上主管和老闆就不需做 PPT 了，這只是我們用基層員工的視角去仰望高層時的一廂情願罷了。

04 ‧ 撰寫本書的意義：
盡我之力回答「什麼是好的職場 PPT」

「職場黑馬學」自創立以來，一直致力於分享職場 PPT 的簡報教學，其實正是因為 PPT 能力給我帶來了職涯的快速發展。

現在回想起來，在每一個快速晉升機會的轉捩點上，都是 PPT 能力給了我極大的助力，這段經歷我會在本書後面一一和各位讀者做分享。

儘管現在市面上講簡報的書非常之多，但圍繞著職場情境展開的簡報教學幾乎沒有。對於職場人來說，其實並不需要了解所有 PPT 按鈕是幹什麼的，也不需要全面學習簡報的理論知識，更不需要學習那些看起來很酷炫，製作起來卻費時費力的技巧。

職場人最大的盲點是：明明感覺簡報很簡單，大學時用點心就能做好，但工作後卻總是「踩雷被罵才後知後覺」「耗時費力做出的簡報一直被老闆和客戶打槍」「提案時被對手搶盡鋒頭」……

職場人需要的簡報教學，應該是情境化的、可快速複製套用的。大到客

戶提案、工作匯報怎麼做？小到團隊介紹、品牌介紹怎麼做？有哪些亮點要突出？又有哪些地雷絕不能踩？邏輯框架應該如何搭建？視覺呈現上又該如何提升美感？

　　我一直在想，如果有一本書能切實解決職場人製作簡報時的痛點與盲點，就是對職場人有用的書，這也是我寫這本書的意義——盡我之力回答「什麼是好的職場PPT」。

為什麼老闆總是打槍我的 PPT？

你管理老闆預期的水準，決定了你在職場上的高度。

什麼是好的職場 PPT？

這句話換個形式來問，那就是「什麼樣的 PPT 才是老闆想要的？」大多數人之所以對做 PPT 感到痛苦，其實只是因為他們不知道老闆究竟想要什麼。

員工們犧牲下班自由的時光，努力通宵製作 PPT，都是期待得到老闆的讚賞，結果只換來連珠炮似的打槍，付出和回報如此不對等，換誰都會覺得很痛苦，卻是一種很普遍的現象。

巧合的是，不光做 PPT 的人境遇很相似，連老闆們打槍的理由都極為有默契：「這不是我想要的，感覺不對。」

其實，多數老闆也不清楚究竟自己想要什麼樣的 PPT。或者即使知道，也不一定願意花大力氣指點員工。

所幸，優秀的 PPT 都有其共通性，只要我們知道了 PPT 的優秀準則，自然也能順藤摸瓜找出老闆打槍你的原因。

網路上有一句很精闢的話，總結了喜歡上一個人的 3 個步驟「始於顏值、陷於才華、忠於人品」，這句話也道出了一份優秀職場 PPT 的三個特點：令人驚豔的視覺美感，令人折服的邏輯內涵，以及不該踩的雷不要踩。

通常而言，你的 PPT 被打槍的原因 99% 就是出在了上述 3 個面向。不是

設計美感不過關，或是缺乏邏輯內容，不然就是犯了不該犯的錯誤，踩了不該踩的雷。

01・PPT 設計被打槍的 3 個原因

（1）不看具體情境，亂套現成模板

之前黑主任有個同事，做工作匯報時用了扁平化的模板，被主管讚賞做得很不錯，後來需要他再做一份部門年終業績表彰晚會的策畫簡報時，他想：「既然老闆喜歡之前的模板，那我就再用一次。」於是第二次他做成了這樣（圖 2-1），超果慘遭退件重做。

2017年業績表彰晚會提案

2017.12.31

圖 2-1

其實這張圖並不難看，只是沒有根據情境做具體分析。既然是為了「業績表彰晚會」服務，我們就可以運用聯想法，想到「銷冠王表彰晚會」的主題，進而找到符合主題元素的模板，很快就能做出如下頁成品（圖 2-2）：

圖 2-2

　　來看一下圖 2-3，把兩張圖對比一下，就能體會出「情境導向」的設計思考。

圖 2-3，兩個提案之對比。

（2）與公司形象及品牌調性不符

在重要的公開場合，你的簡報不僅代表了個人的喜好和個性，**更重要的是代表了公司的整體形象和品牌調性。**

比如現在要你為某個單車品牌製作簡報，該品牌的價值觀是「勇氣與挑戰」，如果僅僅知道這一點的話，完全可以做出兩個風格迥異的 PPT。

如何判斷哪種風格合適？那就要看具體的品牌調性。

若品牌的目標客群是年輕的都市女性，單車設計小巧輕盈，傳遞出樂觀生活的理念，那就適合圖 2-4 這種扁平化、小清新的風格。

圖 2-4

反之，若目標客群是熱愛鐵人三項運動的戶外單車狂熱者，那更適合下頁（圖 2-5）這類，表現力更強勁的風格。

圖 2-5

　　品牌如人，氣質各異。或沉穩大氣、或簡約清新、或科技高端、或活潑可愛，都要視想要傳達的族群（客群）而定。

（3）製作者的審美非常有問題！

　　「沒有人願意透過你粗糙醜陋的 PPT，去發現你優秀的創意。」雖然越來越多人意識到了這一點，但奈何自己「美感不足、審美落伍、缺乏靈感」，就算想要優化 PPT 設計，也無從下手，這是簡報製作者最大的硬傷。

　　其實黑主任也曾為「沒有美感」傷透了腦筋，後來，有位大神送了我提升美感的「四字藥方」：看、想、仿、講。

　　意思是：「多觀察」生活中美的事物，「多思考」如何做出這樣的作品，「多模仿」動手練習，最後要「多演講」。

　　要知道，只有極少數人的美感來自於天賦。大多數人的美感創意來自於日常生活中日積月累的觀察和練習，在本書中會有專門講述美感培養和採集的方法。

02 · PPT 邏輯被打槍的 3 個原因

（1）沒有通順的 PPT 演繹策畫邏輯

大多數人在做簡報的第一步，往往不是分析和思考，而是急急忙忙去找要加的資料和內容，最後找個模板套上去整合在一起，就大功告成了。

但這種方法做出來的簡報只看得到內容的拼接，完全沒有站在觀眾角度去思考如何引導思緒的邏輯。**正確的製作方法應該是「以目的為導向」的策畫邏輯**（圖 2-6）。

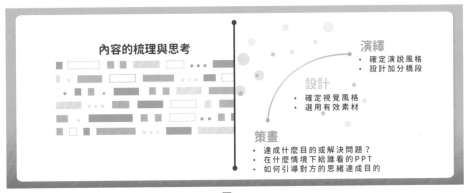

圖 2-6

正確應是①先對大量的內容資料做梳理和思考、②再篩選真正有價值的資訊，按「策畫→設計→演繹」三個步驟進行製作。

一定要牢記，簡報設計的出發點是「為了達成某種目的」。在動手製作之前，先關掉 PPT，仔細思考你的目的到底是什麼？是要老闆批准預算？讓投資人投錢？讓客戶決定把案子給你做？每一種目的都有對應不同的製作策略。

（2）沒有搞清楚簡報的使用類型定位

PPT 有兩種使用類型定位：「演講型」和「閱讀型」。

這兩者之間的區別，請一起看下面這份關於台北 101 的介紹案例：

首先是一份「閱讀型 PPT」（圖 2-7），觀眾透過文字介紹就能了解全部的內容。

圖 2-7

而「演講型 PPT」則完全相反（圖 2-8），是需要借助演講者的口語表達加以闡述釋義，簡報的內容只是要點的提煉。觀眾要想了解內容，就必須專注聽演講者的演講，他們的注意力是在演講者身上，而不是簡報本身。

圖 2-8

　　如果你搞錯了簡報的類型，勢必會被打槍。所以對簡報定位不了解的人常常會感到疑惑：「我上次做的 PPT 就是放了大段文字，明明被誇內容很全面，為什麼這次卻被打槍說內容太多、要我提煉要點？到底怎麼做才是正確的？」會有這樣的疑惑，就是因為沒有搞清楚簡報的使用類型定位所致。

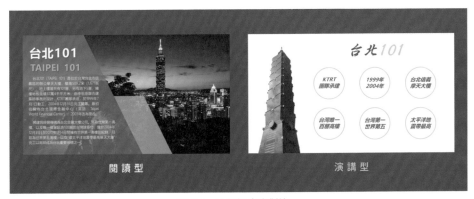

圖 2-9，兩個提案之對比。

（3）沒有令人折服的商業邏輯做支撐

說到簡報的商業邏輯，大多數人第一個腦海中跳出來的是「SWOT 分析」。「SWOT 分析」普及到什麼地步呢？不僅在 PPT 模板中經常會看到 SWOT 的固定版式，就連大學生創業比賽的簡報環節，10 個小組拿出的作品裡，起碼有 8 份使用了「SWOT 分析」。

並不是說「SWOT 分析」不好，而是你不能永遠指望著靠一個思考模型走天下。職場簡報的情境與目的是千變萬化的，今天要和客戶提案，明天要和老闆匯報，後天要和投資人拿融資……這就需要我們儲備多種商業思考模型。

我一直提倡一個觀點：「不是大家都在用，我就要跟著用；而是大家都在用，我還在跟著用，就是沒有亮點。」那思考模型不夠怎麼辦？不用擔心，在本書中，我會和你分享不同情境簡報的思考模式與工具。

在本篇和你分享的、簡報被老闆打槍的三大原因，在本書中都會一一傳授破解之法。但 PPT 的提升不是一蹴而就的，給自己多一點時間去成長。相信每天付出的這一點一滴的努力，未來會給你難以想像的回報，讓我們拭目以待。

3

一觸即爆！
職場 PPT 決不能踩的 3 大地雷

與其一開始就去追尋別人的成功經驗，不如先去學習別人的失敗教訓。

在上一章，黑主任和你分享了 PPT 被老闆打槍的 3 大原因：設計醜、邏輯亂和踩地雷。

而在這裡，黑主任之所以要單獨用一篇的篇幅來寫「踩地雷」，是因爲很多人在接觸某個新領域後，就會急切尋找各方面的指導和幫助，尋求所謂的「正確答案」。

然而東看西看了一大堆後，到頭來眞正能幫到自己的卻不多，甚至不同來源的答案和指導有時候還會互相矛盾。這是因爲每個人都有自己總結出的成功經驗與法則，但一個人就會有一種說法，聽多了也不知道該聽誰的。

所以與其一開始就去追尋別人的成功經驗，不如先去學習別人的失敗教訓。你按照別人的方法經驗去做不一定會成功，但如果你無意中走了別人曾經失敗的道路，踩了別人踩過的坑，那大概率上也會失敗。失敗的教訓之所以珍貴，就在於眞實。

做簡報也是一樣的，與其一開始去追求成功正確的做法，不如先知道別人是怎麼踩了地雷，對你的觸動和幫助會更大。

01 · 常見的 3 大簡報雷區

喜歡上一個人需要幾個步驟？

誒嘿，你可別小看這個看似跳 tone 的問題，它能帶我們找到簡報中常見的地雷。

黑主任認為喜歡上一個人最少需要 3 步：你必須先與對方相遇，對方的形象氣質也要符合你的預期，有個好的第一印象，起碼不能低於你的底線；再來第二步，你們在互動的過程中一定是非常愉悅、能產生好感的，比如風趣幽默、體貼細心，這些加分項目都能在互動過程中得到很好的展示；最後也是最關鍵的一步，好感要進一步昇華至喜歡，需要建立在信任基礎上。你對對方的了解越多、越深，越容易建立信任紐帶。最重要的是，一但兩個人都認為對方和自己有相同的人生觀和價值觀，那麼喜歡的情感就如潮水般擋也擋不住。

這就是喜歡上一個人的三個關鍵步驟，也同樣對應一個人是否喜歡一份簡報的三個關鍵點：**印象、好感、信任**。

①印象：很多人認為，對方是從看到簡報第一眼才產生印象，事實並非如此，在對方看到簡報前，就有很多細節決定了觀感。

比如你發送的檔案是不是過大？是用電子郵件傳還是用 Line 傳？這些小細節都決定了觀感，之後才看簡報的設計和內容是否符合對方的預期。

②好感：第一無明顯瑕疵（當然這個瑕疵往往是製作者自己看不見，而審閱者看得到）；第二是沒有雷人的失誤。

③信任：信任的建立取決於兩點，一是觀眾能有效吸收多少內容，聽進去了多少；二是觀眾是否認同你的觀點。這就好比剛剛舉的例子，信任的基礎是雙方的了解程度，以及是否有相同的價值觀與人生觀。

對應上述三個關鍵點，就不難總結出簡報的 3 大雷區：「**觀感印象差**」「**閱讀體驗亂**」和「**溝通效能低**」。

02・觀感印象差

（1）簡報檔案太大

「哦耶！終於做完 PPT 了！趕快發給老闆，反正就算要改也等老闆看完再說。」這想必是許多人都有過的想法，但結果檔案還沒傳完，老闆已經很無奈地在對你翻白眼了，這是很多人常忽略的細節。

在做簡報時，我們常常使用很多精美的圖片、圖形色塊，甚至音頻影片等素材，這樣做出來的簡報動輒好幾百 MB、甚至破 1GB，而職場上發給對方的簡報檔案，就算是編輯檔案我也建議控制在 30MB 以下，這是為什麼呢？

在傳簡報之前有個必須注意的小細節，那就是事先確定對方的信箱上限是多少。一般來說控制在 30MB 以下是最安全的（部分公司的郵箱上限是10MB），除了這個原因外，大部分人對太占記憶體的檔案都是敬而遠之的，感覺很有壓力。

這個問題怎麼解決呢？我們需要把 PPT 進行壓縮或瘦身。瘦身後的檔案占記憶體的大小會大幅度減少，而且素材解析度的影響幾乎可以忽略。許多外掛軟體都有 PPT 瘦身的功能，黑主任在後方有更詳細的介紹。

當我們在傳送簡報時，可以傳一份壓縮後的原檔和一份 PDF 到對方信箱，同時用 LINE 等通訊軟體再傳一份 PDF 檔案給對方，利於手機上快速閱覽。

這是個很小的細節，但贏得別人好感的往往都是這種不經意間的細心小舉動，你說對嗎？

（2）封面期待落差

封面對於簡報的重要性，相信不用我多說。封面設計得好，觀眾對整份簡報的內容就有了期待；若設計不當或顯得很 Low，則對整份簡報的初始觀感就差了不少。

曾經有個做跨境電商的乙方公司找我做某農產品品牌的提案簡報，而這家乙方公司並沒有規範使用的簡報模板，需要我自己製作。

　　該品牌主打的是「安全、放心、美味的農貿食品」，運用聯想法，我們首先聯想到的就是「自然」和「綠色」兩個關鍵字。因此我隨手找了個模板，替換了封面標題並把 LOGO 加上去，做出了成品如下（圖 3-1）：

圖 3-1，LOGO 為虛設，非真實商標。

　　看起來倒是還過得去，但是看著這頁簡報封面，我意識到一個大問題，千萬不能這麼做！

　　為什麼呢？試想作為一個專業的乙方服務商，提案簡報應該表現出專業、統一的視覺標誌，**而且為了和某個甲方客戶提案就重新做一份簡報模板，這是極不科學和浪費人力的事**。

　　想通這點後，我先重新設計了個封面模板。既然先前提到了視覺標誌，首先想到的就是要先確定配色方案，我對雙方公司 LOGO 進行了顏色組成分析（圖 3-2），透過不同顏色的構成，確定了配色方案。

圖 3-2

　　之後我就開始著手製作能凸顯「公司獨特視覺印象」與「專業印象」的
LowPoly 封面（圖 3-3）。

中國市場品牌戰略規畫

圖 3-3

　　LowPoly 是一種復古的未來派風格設計，特點是把三角形分割，每個小三
角形的顏色採用相同色系的顏色，簡潔大氣，又不失視覺衝擊力，還有：

①白底利於公司 LOGO 顯示，爲整體留白提供延伸立足點；

②取自 LOGO 主色與輔色的上下 LowPoly 色塊，爲整體添加了活力感，同時又能彰顯出公司品牌的視覺標誌；

③在主標題右側放置客戶品牌 LowPoly 色塊，與整體設計融爲一體。

且未來其它品牌客戶 PPT 只需替換此色塊部分即可，避免人力重複返工設計。

圖 3-4，兩個提案之對比。

03 · 閱讀體驗亂

（1）製作上的粗製濫造

閱讀體驗亂的根源，是雙方看到的簡報完全不一樣。是不是覺得很扯？別急，黑主任現在就舉例說明。

左邊是你做的成品，特殊字體的運用讓整個封面看上去很有設計感。但別人一打開檔案，看到卻是右邊的樣式，感覺完全不是同一份簡報呀！爲什麼會這樣呢？其實原因很簡單，你所使用的**特殊字體**，對方電腦並未安裝，所以造**成特殊字體無法顯示的情況**（圖 3-5）。

圖 3-5

　　當然，除了「特殊字體缺失」外，諸如「特殊字體濫用」（使用了與簡報風格不符的字體）、「配色雜亂」和「圖片變形」等，都是常見的瑕疵錯誤（圖 3-6）。而且由於製作者在設計時會長時間盯著作品，久而久之就形成視覺習慣，對瑕疵視而不見，反倒是第一次見到作品的人能快速發現問題點。

圖 3-6

（2）演示上的粗心意外

在演講前，PPT 一定要經過放映測試，看看字體顯示是否完整、音頻影片素材能否正常使用、投影機有沒有問題，並檢查一下有無錯別字。

最重要的是，如果你在 PPT 裡使用了很多動畫和素材，記憶體不足，第一次播放時會很容易卡住，所以預先試映一次，正式演講時就會流暢不少了。

要知道任何錯誤，只要在正式演講前找出來都是能補救的，**最難堪的是在正式演講時被觀眾抓到問題，這才是最大的傷害。**

04・溝通效能低

（1）純粹的數據堆砌

這是近幾年來黑主任觀察到，職場人做簡報時越來越常見的通病。網路時代的到來讓數據變得唾手可得，尤其近幾年人人都在講大數據，彷彿只要簡報中放上幾頁數據圖表，美其名曰「數據可視化」就能為簡報加分一樣，但這恰恰是個誤區。

在使用數據圖表時，若你犯了以下 2 個錯誤，那很可能就踩中了地雷：

①在圖表設計上並無能突出重點的視線引導標識。
②只是放上大量的數據，並未直接給出商業結論。

要知道，數據分析的核心是幫助我們導出具有直接因果關係的商業決策，這才是數據最重要的商業價值。數據的亮點不在於數據本身，純粹的數據堆砌只是不合格的半成品。

正確作法應該是結論在前，先說明結論與數據之間的關聯性，之後再篩選有效數據做中心論點的證明。

要記住，數據僅是輔助說明的工具，千萬不能讓數據喧賓奪主。人的注意力都是有限的，與其陳列幾十頁密密麻麻的數據，不如直指核心結論。

（2）自我的溝通方式

黑主任曾改版過一份簡報，圖 3-7 是原圖，雖然封面設計簡約美觀，但我們從觀眾的角度出發，試想觀眾看到這個簡報封面，會產生什麼疑問：「新榜是幹什麼的？是做數據諮詢服務的嗎？」「產品介紹？他們做數據諮詢的提供了什麼產品？」

這些都是觀眾關注的點，但封面卻都沒有說明，只是站在了自己的角度給簡報取名。

圖 3-7

於是黑主任對此進行改版成圖 3-8，為的是能第一時間告訴觀眾有效資訊：「新榜是提供內容創業服務的平台，提供的服務和產品包括數據諮詢、廣告行銷和電商導購等。」

如此一來，內容創業者看到這個封面，就會因為自身的關聯性高而「有感」，並且從副標題的導覽中，觀眾就能事先尋找是否有滿足自己需求的產品或服務。

圖 3-8

若你希望觀眾能準確吸收你的觀點，希望觀眾能將你的觀點口耳相傳，**請一定要站在聽眾的角度去思考溝通方式**。注意演講措辭與簡報文案，不能一直使用深奧晦澀的專業術語，你必須要懂得「說人話」，用對方能理解的語言來表達。

比如 SK2 曾推出了一款「前男友面膜」，號稱敷了之後前男友會後悔與你分手，就有鮮明的記憶點與傳播的話題性，成功將面膜打造成熱銷品，這就是懂得「說人話」的威力。

說到這裡你應該清晰的意識到，爲什麼所有的簡報講師都在告訴你不能把PPT 當成 Word（大段文字鋪滿畫面）來使用了吧？ PPT 本質上是一種「溝通的媒介」，而這麼做，卻會大大降低溝通效能。

黑主任希望本書是啓發你「思考」，而不是「記住規則」。
規則是你必須這樣做，一定不能這樣做，而思考是你能具備自己的判斷和思考能力。

爲什麼這樣做是無效的、這樣做是有效的？爲什麼上次這樣做打動人、這次不合適？無論是被老闆打槍的原因也好、踩到 PPT 地雷也罷，都是在告訴你思考的方法。

規則是永遠講不完的，只有當你眞正具備思考能力了，你才具備了解決實際問題的能力。

4

對重做 Say No ！
這樣做簡報一次就成功

從來沒有什麼一蹴而就，想把一件事做好，都要經過長時間的殘酷磨練。

如果有一套標準化的簡報 SOP 製作流程，該有多好啊？

或許你也正在渴望一個可直接參考借鑑的答案，那麼究竟有沒有這樣一個讓我們省心省力的辦法，能幫助我們快速做出成功的職場 PPT 呢？答案是肯定的。

其實一份 PPT 之所以會失敗，不僅僅是因為「PPT 製作上的問題」，還是「與上級溝通的問題」，更是「製作流程上的問題」。

有很多人在被要求重做時，都會在心裡抱怨，認為是老闆話沒說清楚，或是覺得老闆一直在變來變去，現在說的和之前講的完全不一樣。但你知道嗎？這個看似無解的難題，其實只需要改變一下「溝通策略」與「製作流程」，就能有效地減少「重做的機率」。

01‧錯誤的製作流程會讓你陷入「死循環」

大多數人都是如何製作簡報的呢？

①第一步往往不是思考，而是急急忙忙去網路上找好看的模板；

②再來發現這個網站要註冊才能下載，好吧那就花點時間註冊；

③註冊完後找了半天，終於發現一個不錯的模板，但是要收費，於是繼續找免費模板；

④終於成功下載好一個模板，打開後卻發現根本不會使用：比如封面背景圖片無法替換，文字無法編輯，無法添加純空白的頁面等。

不僅如此，大多數模板只是提供一個好看的基礎配色和封面圖片而已，等你寫到正文頁時發現，不知道內容怎麼呈現？怎麼排版？怎麼更合理的運用圖示來表達邏輯？這些統統不知道，於是又無休止地去找下一個模板。

這是非常典型的「錯誤製作流程」（圖 4-1），這個流程不僅會讓你陷入死循環，還耗時費力，讓你身心俱疲後，做出來的 PPT 還很可能是場災難。

成功簡報的正確製作流程主要有四個步驟：**搭好簡報框架結構→確認簡報用途目的→分析本次目標觀眾→分階段性製作簡報。**

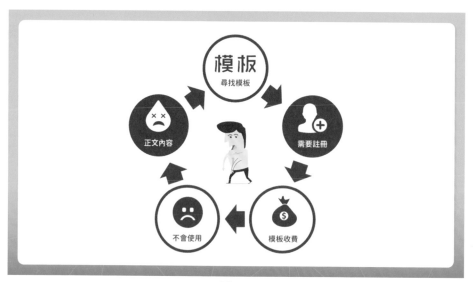

圖 4-1

02 · 第一步：搭好簡報框架結構

（1）把 PPT 關掉，靜下來思考

不要盲目去找模板，先把簡報主要的問題點都想清楚了。如果沒想清楚你就很難講得明白，更別談講得優秀了。

（2）用心智圖搭好完整框架

先把主要的篇章與框架搭好，再去寫正文。

黑主任建議大家可以使用心智圖來搭框架，請看圖 4-2，這就是一份 PPT 的完整架構，包含：封面頁、目錄頁、過渡頁、正文頁和結尾頁；

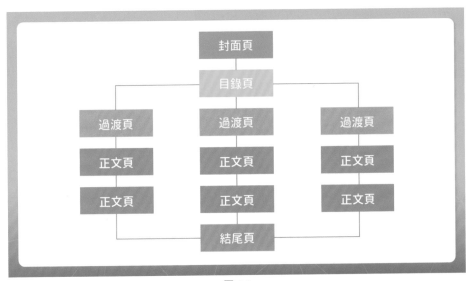

圖 4-2

心智圖要點分支明確，利於梳理邏輯。黑主任推薦 3 個繪製心智圖的工具，分別是「XMIND」「百度腦圖」和「Coggle」。

（3）雲筆記工具編輯正文

搭好框架後，再去撰寫正文內容。先有骨架，才有血肉，這個順序千萬不能顛倒了。

撰寫正文時，黑主任推薦你使用「在線雲筆記」工具。可能有人會感到困惑，爲什麼我們不直接在心智圖框架上填充內容呢？或是直接使用 Word 不就好了嗎？這有以下 3 個原因：

①心智圖只適用於搭框架，並不適合放上大段文字內容；

②一份 Word，如果重複多次修改，從傳輸、閱讀到儲存都不方便，很容易有所遺漏，或是如果不小心儲存了錯誤的版本，對我們製作簡報非常不利；

③以上兩個軟體都無法做到及時修改和協同辦公。

如果正文內容需要多位同事一起協助補充，試想一下，你是希望有個雲端檔案夾能讓各同事同時編輯、並直接儲存備份，還是希望你一個個去搜集他們的 Word 檔案再整合呢？

在此推薦兩個雲筆記軟體：「有道雲筆記」和「印象筆記」。

03 · 第二步：明確簡報的核心用途及目的

有了框架與內容之後，還需要再進一步明確這份 PPT 的核心目的與用途，是要在內部進行工作匯報？要對外進行公司宣傳？或是給客戶看的提案？

舉個例子，如果是給客戶的提案，要思考現在和這個客戶的合作處在什麼階段？哪些資訊是本次的重點？哪些內容還不能透露？針對目的，有策略性的調整簡報內容（圖 4-3）。

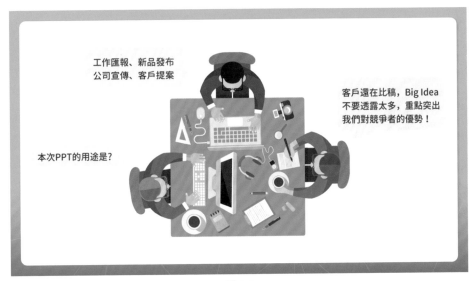

工作匯報、新品發布
公司宣傳、客戶提案

客戶還在比稿，Big Idea
不要透露太多，重點突出
我們對競爭者的優勢！

本次PPT的用途是？

圖 4-3

04．第三步：分析本次的目標觀眾

（1）分析目標觀眾的屬性及偏好

①先確認觀眾的年齡層、性別比例、偏好的設計風格及演講風格。

比如現在要請你到幼稚園，給小朋友們演講關於「愛護貓咪」的內容，按照常規思考，我們可以找一份貓咪 PPT 的模板，標題寫上「貓咪是人類的好朋友」（圖 4-4 左），就可以來上課了。

又或者，我們可以站在小朋友的角度去思考，小朋友都喜歡什麼風格的簡報？我透過什麼方式去講，小朋友會更容易吸收？

如果你從這個角度出發，就不難聯想到小朋友都很喜歡看卡通，也很喜歡聽故事，於是我們可以製作一個卡通風格的簡報，配上標題「三隻小喵尋家記」（圖 4-4 右），用說故事的形式來傳達愛護動物的觀念。

如此一來，我們的小小聽眾們豈不是會覺得更有趣，也聽得更加專注呢？

圖 4-4

②**我們要確定觀眾最在意的議題、最想聽的內容。**

評估觀眾對內容的期望及忌諱，你想講的內容不等於對方也想聽。在台北曾經舉辦一個「中國網路行銷」的講座論壇，到場的嘉賓都是對進軍中國網路感興趣的品牌主。

這些品牌主是來聽長篇大論講述網路的發展史和基礎理論的嗎？顯然不是。他們真正關心的內容議題，無非就是「一個新進的品牌如何利用中國網路來賺錢？能不能賺到錢？能賺多少錢？」僅此而已。

在確定觀眾期望內容的同時，也不要忘記避開雷區，要講什麼話記得先看場合，避開大家的忌諱，或是容易導致場面失控的話題，切忌該講的沒講，不該講的亂講。

③**最後還要判斷下觀眾在此議題上的專業程度。**

若行業跨度太大，在演講時就不要用艱澀的專業術語，要去思考如何用生動易懂的方式讓對方吸收要點。

（2）確認演講場地與投影片大小

①**演講場地要確認 2 點：「規模大小」及「場地設備」。**

場地規模對於 PPT 製作的影響在於「對清晰度的把控」上。30 人小場地和 300 人的大會場上放映的簡報，它們的字體大小、顏色搭配的方式都是不一

樣的。

如何讓場地範圍內所有觀眾都能清晰看到簡報內容，值得你事前去深思。至於「場地設備」，最好能事前確認「燈光效果」與「放映螢幕的類型」，這對簡報主色調的把握能發揮到指導性作用。

通常而言，環境較暗時，螢幕採用深色簡報，幕布用淺色；環境較亮時，螢幕放映深淺均可，幕布用淺色。

②投影片常見的大小有「4:3」和「16:9」兩種尺寸（圖4-5）。

「4:3」是 PPT 2007 或 2010 預設打開的尺寸，從 PPT2013 開始默認打開的尺寸都是「16:9」。

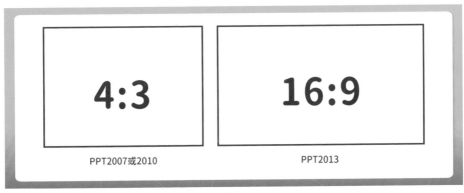

圖 4-5

因為更符合人眼的閱讀習慣，現在我們的所有的電腦屏幕都是「16:9」的，這也是當今商業社會的潮流。但是仍然有很多大學、公家機關等演講場地屏幕是「4:3」的，造成兩者間無法完美兼容，在放映時，螢幕中未被投影片覆蓋到的區域會用黑色來顯示。

在一些高端的演講場合，PPT 還會被要求製作成「3:1」的尺寸，這是為了避免放映效果出現影響。為了避免後期的回頭重做，在製作前和對方確認好投影片的大小很有必要。

05．第四步：分 4 個階段動手做簡報

到此為止，一切必要資訊的搜集和思考已經完成了，可以開始動手製作簡報了！但是要一次做完再交給老闆嗎？千萬不要，黑主任和你分享一個能有效提升成功率的「簡報製作 4 步驟」。

（1）設置投影片尺寸＋精煉正文內容

經過前 3 個步驟的明確溝通及透徹思考後，在此基礎上動手製作。

（2）風格樣式呈現＋尋找設計素材

確定設計風格（歐美風、扁平風、商務風、簡約風、復古風、科技風等），同時確定配色方案，定下視覺主基調後找尋相關設計素材。如果簡報是用於商業用途，那還要懂得如何去找尋可商用的素材。

（3）製作 5 頁 Demo＋溝通修改

這是非常關鍵的一步──先製作 5 頁 Demo 頁給老闆確認，包括「封面頁」「目錄頁」「過渡頁」「正文頁」和「結尾頁」。

製作好後先發給老闆，確認此風格是否如他所期望的。千萬不要傻呼呼的直接熬夜做完幾十頁 PPT。搞不好隔天老闆一看，對你來一句「這不是我想要的，不好意思，麻煩你重做。」這就十分尷尬了。

先製作好 5 頁 Demo，跟老闆進行溝通修改，是最省時省力的做法，同時也是對你自己的一種保護。

（4）Final Check＋發送定稿

當 PPT 全部做完後，最後檢查是否有錯別字？特殊字體是否全都進行了處理？演示動畫是否正常？等。確認無誤後，將定稿保存為 3 種格式：「PPTX」「PPT」和「PDF」，打包後直接發到對方的信箱，PDF 可另外發送到對方手機上供快速閱覽。

在此補充下「PPTX」跟「PPT」這兩種格式的區別：自 Office2007 之後，儲存的格式都默認為「PPTX」，但為了防止對方使用的軟體是比較老舊的版本（比如 PPT2003）無法順利打開「PPTX」，所以另外儲存一份「PPT」格式利於對方開啟，多一份保險。

06 · 正確的製作流程能有效避免返工

以上就是一份成功職場 PPT 的正確製作流程。可能有人會有所懷疑「為什麼按這套流程來走，就能有效地避免重做呢？」其實是這套流程對應了極易重做的 4 個關鍵點，請看下圖說明（圖 4-6）：

圖 4-6

圖中標註的 4 個符號，就對應 4 個關鍵重做點：

①提前確認整體框架，避免後來發現自己想錯了，或老闆臨時改變想法，要求重頭大改；

②明確用途與目的，才能緊扣核心議題。除了避免內容失焦外，還可避免事後背黑鍋；

③觀眾的反應決定了 PPT 的成敗，寧可事前在觀眾身上多花點心思，也要全力避免被秋後算帳；

④前三大步驟是確定整個 PPT 的策畫演繹與商業邏輯，第四步則是避免在設計上出問題。

　　希望藉助這套流程的分享，能對你有所觸動和啓發。雖然流程看似繁複，但只要你試過一次之後，就會發現「這原來是這麼簡單的一件事！」

　　學會正確的製作流程，讓我們一起「對重做 Say No」！

二、職場高效篇

高效職場人必學！
和熬夜加班說掰掰

準時下班的人，
在做 PPT 前都會做的 8 個準備

把時間與精力用於有意義的事，才是拉開人與人之間差距的關鍵。

為什麼高手們做 PPT 總是能又快又好？

癥結點並不在於「熟能生巧」，而是他們更懂得利用一些鮮為人知的功能來刪減步驟、節省時間，從而達到提升效率的目的。多數人之所以 PPT 做得慢，無非是因為在以下 4 個方面浪費大量時間：

①不斷地執行某些不必要的重複性操作。
②對功能界面不熟悉，需要反覆尋找功能按鈕。
③圖層界面太多，無法順利選中編輯對象。
④遇突發狀況 PPT 突然關閉，沒來得及儲存，需要從頭來過。

這些瑣事在不知不覺中蠶食了工作時間，導致效率低下，一不注意又到了下班時間。若你希望準時下班，黑主任建議你先學會以下 8 個「省時技巧」。

01・設定「預設文字方塊」

　　商業簡報中最基本的要求，就是一份 PPT 中所使用的字體樣式需要具有一致性規範，這會讓 PPT 顯得專業且統一，能在閱讀體驗上給人留下良好印象。

　　若我們被要求使用的字體樣式和實際上「文字方塊」的默認樣式不同時（圖 5-1），這時就需要我們對「文字方塊」進行設計樣式的調整，一個操作下來通常需要 5 ～ 8 秒的時間（根據文字樣式複雜程度而定）。

圖 5-1

　　而一整份 PPT 下來，若不斷重複此操作，豈不是嫌時間太多？因此我們可以在正式製作前，就先將最常使用的文字樣式設定為「預設文字方塊」（圖 5-2）：

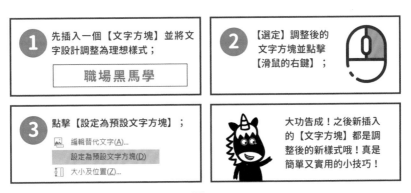

圖 5-2

步驟解析（圖 5-2）

①【插入】新的文字方塊並【調整設計樣式】；

②滑鼠【選定】文字方塊並【點選右鍵】；

③點選【設定為預設文字方塊】。

　　完成了以上 3 個步驟，之後插入的「文字方塊」都是事先預設好的效果，可以幫助我們提升效率、省下非常多的時間，一天下來，你搞不好就能準時下班約會去了！

02 · 設定「預設圖案」

　　與設定為「預設文字方塊」的原理一致，只不過設定對象換成了「圖案」（圖 5-3），透過預先設定好「插入圖案」的顏色填滿、邊框及其它設計效果，也能大大提升製作效率。

　　設定好之後，接下來插入任何「圖案」，都是一樣的設計效果喔！

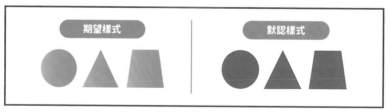

圖 5-3

【步驟解析】

①【插入】新的圖案並【調整設計樣式】；

②滑鼠【選定】文字方塊並【點選右鍵】；

③點選【預設圖案】。

03 · 使用「色彩選擇工具」

　　PPT 設計的視覺基調，絕對離不開對色彩的搭配和使用。

　　「職場黑馬學」粉專最受歡迎的專題之一，就是「簡報的配色方案」。我們從精美的圖片中汲取精美的顏色和色彩搭配（圖 5-4），並應用到 PPT 文字和圖案上。

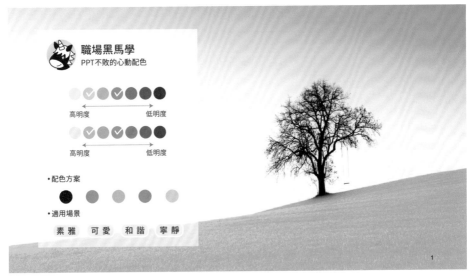

圖 5-4

　　從 PPT 2013 開始，新增了一個非常好用的顏色吸取功能：「色彩選擇工具」能讓我們直接在 PPT 內吸取圖片的顏色。

　　使用過的顏色會出現在「布景主題色彩」下方一欄「最近使用過的色彩」中，一旦確定好配色方案後，在後續設計過程中，顏色的使用就可以從「最近使用過的色彩」中進行選擇（圖 5-5）。

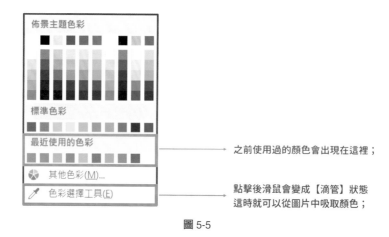

佈景主題色彩

標準色彩

最近使用的色彩 ⟶ 之前使用過的顏色會出現在這裡；

其他色彩(M)...

色彩選擇工具(E) ⟶ 點擊後滑鼠會變成【滴管】狀態
這時就可以從圖片中吸取顏色；

圖 5-5

　　這樣有利於確保顏色的一致性和簡約性，也能克制我們在顏色上的使用，不會一直想著去使用新的顏色，從而提升製作時的專注度。

04・設定「自動儲存時間」

　　「PPT 閃退了！電腦崩潰忘記儲存了怎麼辦!?」

　　黑主任絕對不會只是嘴巴上提醒你，以後要汲取教訓──勤按「Ctrl+S」的儲存快捷鍵，因為人的行為是不可控制的。關鍵還是要靠系統預設，在「PowerPoint 選項」界面中就能設定自動儲存時間（圖 5-6）：

圖 5-6

【步驟解析】

①在 PPT【導航欄】左上角找到【檔案】；

②點選【選項】（左側功能欄最下面的按鈕）；

③點選【儲存】→設置【儲存自動回復資訊時間間隔】；

④建議設置為 5 ～ 10 分鐘，時間間隔太短很容易造成卡頓的現象。

在「儲存設定界面」裡，有個「自動回復檔案位置」，若發生系統崩潰導致文件未儲存的情況，還是可以根據該檔案位置的提示，在系統中根據路徑指示找到未儲存的文件版本。

05．增加「復原次數」

這個功能想必不必多解釋有多好用了！PPT 是世界上少數能讓你吃後悔

藥、走回頭路的美好存在。但 PPT 預設的「復原次數」是有限的，導致我們常常復原操作到一半就回不去，該如何增加復原操作的次數呢（圖 5-7）？

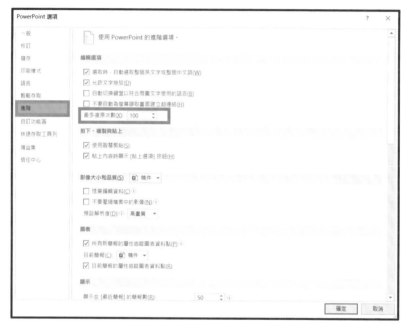

圖 5-7

【步驟解析】

①在 PPT【導航欄】左上角找到【檔案】；

②點選【選項】（左側功能欄最下面的按鈕）；

③點選【進階】→設置【最多復原次數】。

06 · 打開「選取範圍窗格」

PPT 也是有圖層的。當圖層元素過多時，往往會造成操作者點選不到底層元素的窘境，而大多數時候也不好亂動上方的圖層，擔心會直接破壞整體設計。

　　遇到這種狀況，可以直接調出「選取範圍窗格」，使其懸浮在操作界面上
（圖 5-8）。在「選取範圍窗格」中，我們可以輕鬆點選到需編輯的元素，還
能為元素命名、隨意拖動元素的圖層位置，甚至點選元素右邊的「小眼睛」還
能隱藏圖層哦！

圖 5-8

【步驟解析】

①在 PPT【導航欄】上找到【常用】；

②點選【選取】→【選取範圍窗格】；

③在窗格上方找到【▼】→【移動】，即可讓窗格懸浮在操作界面上。

07．設定「自訂快速存取工具列」

　　「之前用的功能找不到了怎麼辦？」那就將你最常用的功能按鈕加入「快
速存取工具列」，這是 PPT 裡唯一可以定制、並且不會被折疊的工具導航欄
（圖 5-9）。你可以根據個人習慣選擇顯示的位置，設定好後，你就可以快速
找到所需的功能按鈕，而不用每次都要一遍一遍的翻找，非常方便。

圖 5-9

【步驟解析】

①將【滑鼠】移動到你需要添加的【功能按鈕】上；

②點選【右鍵】→【新增至快速存取工具列】。

08・設定模板顯示「預覽圖片」

最後分享的，與其說是「技巧」，不如說是一個「好習慣」。

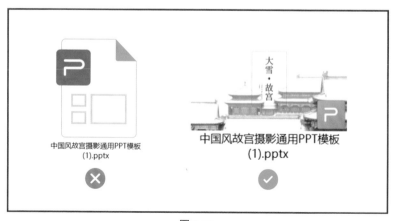

圖 5-10

很多 PPT 愛好者都喜歡在平時儲存各式各樣的模板，而 PPT 檔案在文件夾中會有兩種顯示模式（圖 5-10），一種是統一的 ICON 顯示，另一種是將 PPT 第一張封面預覽顯示。

哪種更好？毋庸置疑是後者。因為預覽顯示能幫助我們更快速找到想要的模板。

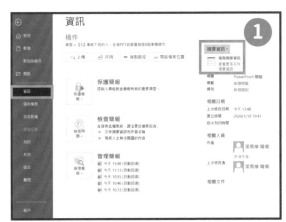

圖 5-11

【步驟解析】
①在 PPT【導航欄】左上角找到【檔案】；
②點選【資訊】→【摘要資訊】→【進階摘要資訊】→打勾【儲存預覽圖片】。

PPT 高手的高效率秘訣都在這裡了。所謂欲善其事必先利其器，希望從下一份 PPT 開始，你在製作前都能利用本篇的 8 個小技巧提前做好準備工作，相信省下的時間會讓你大吃一驚！

讓你效率提升百倍的
8 個「一鍵操作」

一件事情，你只要花一點力氣就做得比別人好，那就是值得喜歡去做的事。

都說職場如戰場，面對老闆和客戶說變就變的想法和需求，改簡報根本是職場人的家常便飯。

更改簡報的操作雖然不難，往往就是換個字體、加個 LOGO、刪個動畫、減小檔案體積等小操作，如果只是幾頁 PPT 那就算了，但若要改的簡報是數十頁、甚至上百頁的成品，不光費時費力不說，好不容易改完後老闆再來一句「還是不改了吧，就用之前的版本」，確實容易讓人白眼翻上天。

不過別擔心，黑主任這篇文章就將救你於水火之中，老闆客戶愛怎麼改就怎麼改，我如泰山般巍然不動。只要掌握了這 8 個「一鍵操作」，說不定就能在某個關鍵時刻救你一命。

01 · PPT「一鍵替換字體」

當老闆說：「把整份簡報的『宋體』都換成『思源黑體』」時，你要一個個手動換？別說笑了，哪有那個閒功夫呢！按圖 6-1 指示，即可快速完成字體替換。

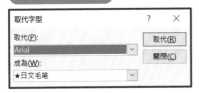

圖 6-1

【步驟解析】

① PPT 上方【導航欄】→【常用】→【取代字型】：

②在跳出的操作界面選擇【取代】和【成為】的字體類型：

完成上方操作後 PPT 內符合要求的字體就會全部替換完成囉。

02・PPT「一鍵禁止動畫播放」

老闆說：「演講時間太短、來不及了，把動畫全都刪了。」

要一頁頁刪？花了那麼久的精力做出來的動畫，未免太可惜了吧！看黑主任教你一鍵操作！按圖 6-2 指示，即可快速完動畫的禁止播放操作。

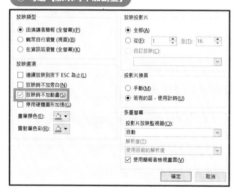

圖 6-2

【步驟解析】

① PPT 上方【導航欄】→【投影片放映】→【設定投影片放映】；

②在跳出的操作界面勾選【放映時不加動畫】。

完成上方操作後，PPT 在放映時就不會出現動畫囉，未來當你需要動畫效果時，取消勾選就行啦。

03．PPT「一鍵增刪 LOGO」

老闆說：「在簡報每一頁右上角加上公司 LOGO。」

若是 10 頁的 PPT，將 LOGO 複製貼上 10 次就完成了，但若是 300 頁的研究報告呢？其實只需要複製貼上一次就行囉，「一鍵增刪 LOGO」操作如下（圖 6-3）：

圖 6-3

【步驟解析】

① PPT 上方【導航欄】→【檢視】→【投影片母片】；

②在導航欄上會新增一個【投影片母片】，點選後進入【母片檢視界面】
→在第一張母片上完成 LOGO 放置→【關閉母片檢視】退出操作界面。

完成上方操作後，LOGO 就能一次性添加完成；當你需要一鍵刪除 LOGO
時，請反向操作即可。

04・PPT「一鍵導出圖片」

老闆說：「把這份簡報每一頁都變成圖片檔案，我另有用處。」

很多時候，簡報是公司宣傳形象的一大利器，但又擔心自己辛辛苦苦做的
簡報被簡單修改後，就成了競爭對手的宣傳品，而 PDF 格式又不是很安全（太
多方法可以將 PDF 變成 PPT 了）……

若不想讓自己的努力成為他人的嫁衣，唯有圖片最安全。那麼如何把 PPT
全部導出變成圖片檔案呢？ 操作如下（圖 6-4）：

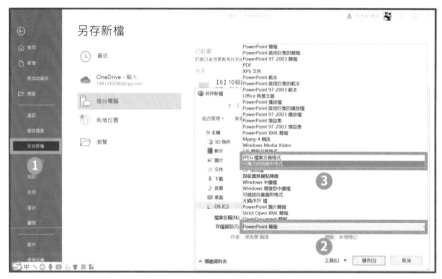

圖 6-4

【步驟解析】

①PPT 上方【導航欄】→【檔案】→【另存新檔】：

②選擇【儲存檔案類型】→選擇【JPEG 檔案交換格式】或【可攜式網路圖形格式】均可；

③在跳出的確認界面中，再根據實際需求選擇【所有投影片】或【僅此投影片】。

05・PPT「Smart Art 一鍵快速排版文字」

老闆說：「快幫我把這頁投影片上的文字做個好看的排版！快一點，很急！」

針對此緊急情況，我們可以利用 PPT 自帶的「SmartArt」工具快速進行大段文字的排版，比如將圖 6-5 左邊的原稿一鍵排版成右邊的樣式。

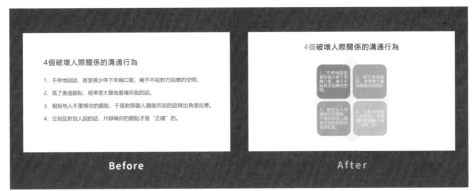

圖 6-5

整個改版操作下來一共不超過 30 秒，具體操作方法如下（圖 6-6）

圖 6-6

【步驟解析】

①【選定】文字方塊內需要排版的文字（不能直接點選文字方塊外框）；

②滑鼠【右鍵】→【轉換成 SmartArt】→選擇合適的圖形；

③調整轉換後圖形的設計樣式（大小、配色和字體等）。

以上 5 個「一鍵操作技巧」依靠 PPT 自身軟體即可實現，但黑主任在製作

PPT 時還非常喜歡藉助一些「外掛軟體工具」。

　　這些工具能幫我們以更高的效率完成原本難以實現的效果，堪稱「PPT 輔助神器」。

　　在本書中，讓黑主任和你分享一款個人最愛用的外掛，那就是「iSlide」。下面要和你分享的 3 個技巧均需透過「iSlide」來實現，在其官網即可下載安裝（圖 6-7）。

掃描 QR CODE
進入 iSlide 官網。

圖 6-7

06・iSlide 外掛「一鍵檔案瘦身」

老闆說：「你這檔案太大了，接收慢還占記憶體，壓縮一下再傳來。」

　　說到檔案壓縮，很多人會想到轉檔成 PDF，可事實上很多職場上的情境是 PDF 無法滿足的。比如你要傳給老闆用於演講放映的 PPT，或是給其他同事補充內容的協作 PPT 等，都需要你給原檔。

　　若檔案過大，傳輸慢占記憶體是小事，但若在重要的演講時出現 PPT 卡住的情況，那可真的麻煩了。要如何快速的壓縮 PPT 檔案大小呢？操作如下（圖 6-8）：

圖 6-8

【步驟解析】

①在 iSlide 官網下載安裝完成後，在 PPT 上方【導航欄】會出現【iSlide】的入口；

②導航欄【iSlide】→【PPT 瘦身】→調整壓縮設定→【應用】；

③【PPT 瘦身】分爲「常規瘦身」和「圖片壓縮」，後者非常適合應用在多圖 PPT 上，而且該軟體十分貼心地爲壓縮圖片後的 PPT 提供了「另存爲 (另存新檔)」的功能按鈕。

完成上方操作後，PPT 檔案所占記憶體會大大減少，一份 50MB 大小的 PPT 檔案可以輕鬆壓縮至 10MB 以下，各位可以根據自己的實際情況做測試。

07 · iSlide 外掛「一鍵等比例裁剪圖片」

老闆說：「這幾十張圖片都要用到 PPT 裡，而且大小尺寸要統一。」

裁剪圖片本身工作量就非常龐大，更何況還要求「等比例裁剪」，這時我

們就可以藉助「iSlide」來進行「一鍵等比例裁剪」，操作如下（圖6-9）：

圖 6-9

【步驟解析】

①在iSlide官網下載安裝完成後，在PPT上方【導航欄】會出現【iSlide】
的入口；

②導航欄【iSlide】→【設計排版】→【裁剪圖片】；

③設定裁減圖片的【寬度】與【高度】→【裁剪】。

08・iSlide 外掛「一鍵導出 PPT 全覽圖」

老闆說：「這次設計的真好看，幫我做一個全覽圖，我要PO臉書秀一
下。」

我們常看到簡報設計師將作品用「拼圖式全覽圖」的形式來展示。過去有

些讀者朋友可能是用美圖軟體一張張拼接製作「全覽圖」，但現在我們也能進行「一鍵導出」了！操作如下（圖 6-10）：

① 在【iSlide】中找到【PPT拼圖】

② 根據操作界面調整【全覽圖樣式】並【另存為圖片】

圖 6-10

【步驟解析】

①在 iSlide 官網下載安裝完成後，在 PPT 上方【導航欄】會出現【iSlide】的入口；

②導航欄【iSlide】→【PPT 拼圖】→設定樣式→【另存為】圖片；

儘管 PPT 還有許多其他隱藏的一鍵操作，但以上是黑主任從實用性、易操作性兩大角度篩選所推薦的 8 個「一鍵操作技巧」。高效即王道，省下的時間就是你自己的。

咻咻咻！
職場效率達人都愛用的 PPT 快捷鍵

大多數人的懷才不遇，其實都是懷才不足。

使用快捷鍵真的能省時間嗎？

舉個例子，我們要將一個文字方塊按「位置置中→設定粗體→放大→復原」的順序進行操作，用 PPT 界面來實現需要點選 4 個按鈕（圖 7-1）。

這 4 個步驟因為要在界面上來回點選，所以需花費 8 ～ 10 秒鐘，在選擇按鈕時也會浪費些許時間。如果點錯按鈕，那花費的時間就更多了。

圖 7-1

　　但若是使用快捷鍵來操作，雖然也是同樣的 4 個步驟，卻只需 4～5 秒；且因為只需單手快速操作，也不需要擔心點錯和切換按鈕的問題。

　　光是一個小小的操作就能省下 5 秒的時間，如果是整份 30 頁投影片的簡報，效率達人可能只要不到 30 分鐘就搞定，而不熟悉 PPT 操作的讀者朋友卻可能要花一個小時以上。

　　儘管我們現在已經知道了使用快捷鍵的好處，但是 Office 軟體有太多的快捷鍵了，其中又有哪些是職場效率達人們最愛用的 PPT 快捷鍵呢？

01 · 「Mouse」滑鼠系列

（1）複製對象

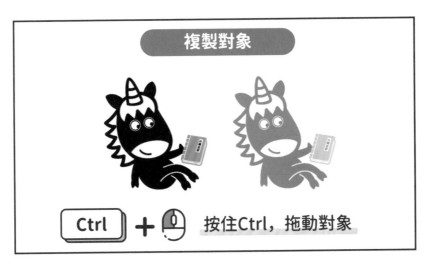

按住「Ctrl」並「選定」對象，橫向拖動即可完成複製

（2）中心縮放

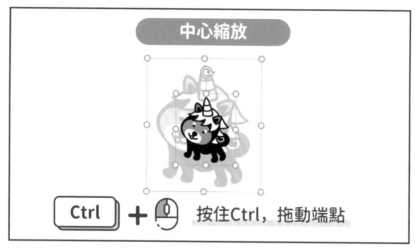

按住「Ctrl」並「選定」對象，拖動四個對角的任一端點即可在固定對象位置的同時完成等比例放大與縮小。

（3）水平／垂直方向移動

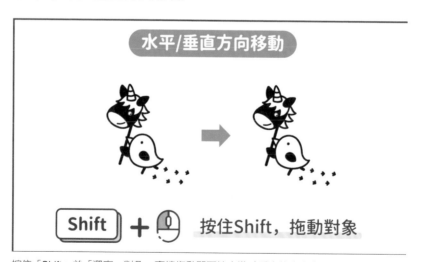

按住「Shift」並「選定」對象，直接拖動即可按水準／垂直的方向進行移動。

（4）等比例縮放

按住「Shift」並「選定」對象，拖動四個對角的端點即可完成等比例放大與縮小，但對象的位置也會隨之改變。

（5）水平／垂直方式移動複製

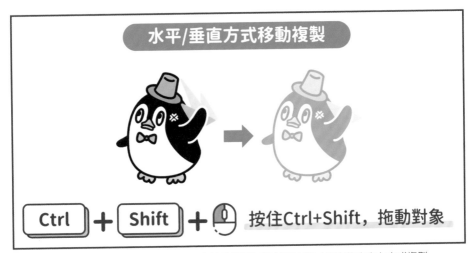

同時按住「Ctrl+Shift」並「選定」對象，直接拖動即可在保持水準／垂直的方向上完成複製。

02 ·「Ctrl+」系列

（1）複製貼上三兄弟

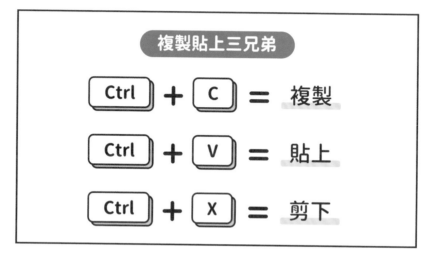

（2）字體樣式設定

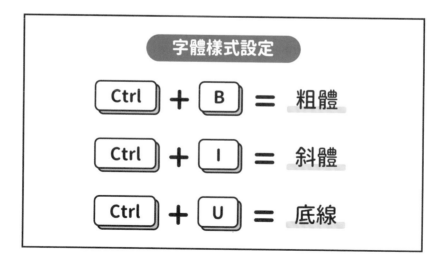

（3）其它常用操作

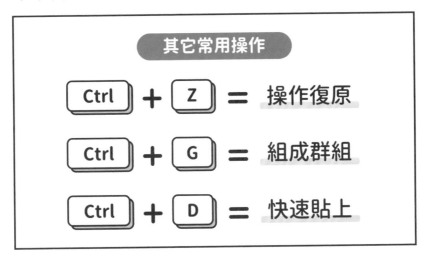

（4）特殊操作

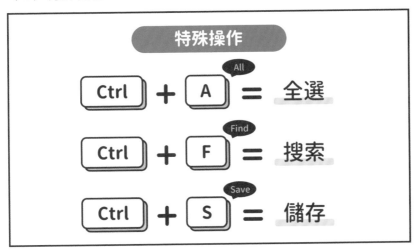

　　特別提醒，要養成隨手按「Ctrl+S（存檔）」的習慣，這樣一來就算遇到電腦突然關機了等狀況，也不用擔心辛苦做了一晚上的 PPT 沒有儲存。

　　從現在開始，做 PPT 時請多按「Ctrl+S」，加上 P.054 頁的自動存檔方式，會更加令你安心喔！

（5）文字位置設定

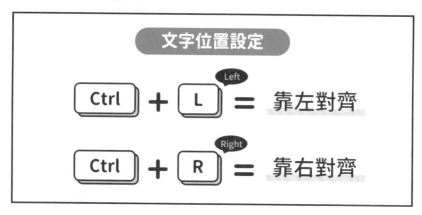

03・「Shift+」系列

相較於「Ctrl+」家族龐大的成員數，「Shift+」系列家族就顯得人丁稀少，而且實用性也有所欠缺。黑主任在此只推薦兩個快捷鍵：

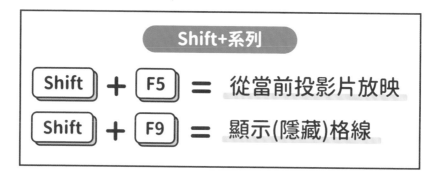

（1）從當前投影片開始放映

大家都知道，直接按「F5」是從第一頁投影片開始放映，但若是要從當前投影片開始放映，就要按「Shift+F5」。

（2）顯示／隱藏格線

按「Shift+F9」可快速調出格線，格線可幫助我們輕鬆地將選定的元素對齊頁面上的其它元素或特定位置。

04 · 「Ctrl+Shift」系列

（1）取消群組

「Ctrl+Shift+G」，組成群組的反向操作。

（2）複製／貼上格式

選定需要複製格式的元素並按「Ctrl+Shift+C」，再選定需要套用格式的元素並按「Ctrl+Shift+V」。

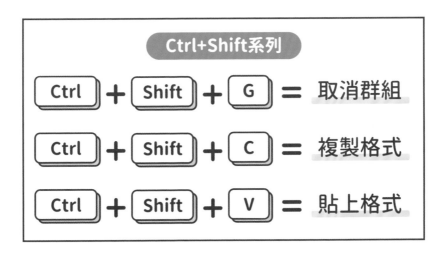

05・地表最強的快捷鍵「F4」

如果說連恩・尼遜是地表最強老爸，那麼「F4」就是地表單體最強的快捷鍵，它的功能是「重複上一步操作」。

這意味著什麼？我們先前透過組合快捷鍵或功能按鈕實現的效果（比如複製貼上、新建投影片、複製格式、插入新元素等），只需按一個快捷鍵「F4」就能快速重複實現。

如此一來，就可以極大地省略繁瑣的中間步驟，最關鍵的，是還能保證整個過程不出錯，各位下次不妨試試看吧。

這 25 個快捷鍵是黑主任最離不開的高效工具，只要你也能將其應用到製作 PPT 的過程中，你就是下一個職場效率達人！

* 若您按「F4」後並未出現「重複上一步操作」的效果，那就需要在鍵盤上找到「Fn」功能鍵（通常在鍵盤左下角），將「F4」與「Fn」一起按，才會有效果哦！

8

明早就要交！
如何又快又好地套版製作 PPT ？

所有本事，都是「笨事」，都是下笨功夫做出來的事。

古人戰場上講究「養兵千日用兵一時」，放到現代職場上，也要求職場人注重平時的積累，爲的就是能在緊急的關鍵時刻爆發。

那什麼才算是緊急時刻呢？比如，老闆突然在下班前找到你，要你明天早上交一份 PPT，雖然很不人性，擺明要你利用下班時間加班，然而抱怨歸抱怨，我們還是得漂亮及時地完成任務。

既然時間很短，我們根本就不可能有時間慢悠悠地精心設計，此時就只能借助模板的力量。套板製作 PPT 時必須要有一個基本認知：我們的目的是要做到「高效、合格、不踩雷」，在短時間內拿得出手就行了。

想要快速套用模板，就不得不去思考 3 個關鍵點：

①如何快速找到優質模板？
②好的 PPT 模板該如何選？
③有哪些技巧能提升套板的速度？

01 · 如何快速找到優質模板？

優質的 PPT 模板去哪裡找？黑主任把自己私藏多年的 PPT 模板資源網站做了篩選和整理，附上網站名稱、網址和簡介評語：

（1）微軟官方線上模板網站

模板質量不錯，也提供 Excel 和 Word 模板，但整體數量有限。

（2）稻殼兒

中國 WPS 的官方模板網站，擁有大量模板資源，可根據個人需求靈活地進行篩選。

該網站提供部分模板進行免費下載，或者如果你有微信支付，可直接付費開通該網站的會員，就能全年無限量下載模板，總體來說非常划算。

（3）演界網

中國的原創 PPT 模板網站，提供了很多高質量的 PPT 模板，按照「用途」「行業」和「風格」做了非常詳盡的分類，有利於快速找到符合需求的模板。

雖然該網站的模板品質非常高，但價格也不便宜，單價約是「稻殼兒」的兩倍，不過還是有辦法可以免費下載。只要在「模板價格區間」中輸入「從 0 到 0」，還是可以找到免費模板下載。但免費下載的次數是有限制的，具體政策以平台公布為準。

以上 3 個網站使用「微信」掃描 QR CODE 均可完成登錄，若推薦的這 3 個網站還不能滿足你的需求，這裡還有 5 個由 PPT 圈內的網友聯合推薦的模板資源網站，各位可以參照下方表格資訊自行研究和探索：

網站名稱	網址
graphicriver	www.graphicriver.net
優品 PPT	www.ypppt.com
比格 PPT	www.tretars.com
雷鋒 PPT	www.lfppt.com
PPTSORE	www.pptstore.net

既然知道了模板去哪找，是不是就可以高枕無憂了？答案是否定的。

要請各位謹記，當我們需要套版時再去網上找模板，是一件非常浪費時間的事情，所以你一定要在平時就做好「優質模板的積累和整理」。

在整理時，除了按照模板的設計風格（例：扁平風、科技風、3D 風、UI風等）外，還可以按照使用類型（工作匯報、客戶提案、路演融資等）進行分類（圖 8-1）。

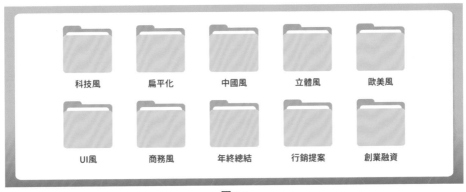

圖 8-1

同時還要謹記一個心態：PPT 模板不會百分之百地剛好幫到你。

不管任何平台的 PPT 模板都有好壞之分，甚至因為行業的關係，你所找到的 PPT 模板並不會完全貼合你的需求，所以我們要抱著「不會設計會挑剔」的原則去選擇優質的模版。

02・優質的 PPT 模板該如何選？

優質 PPT 模板有兩大標準，一是「好看」，二是「好用」。

現在很多 PPT 模板存在過度設計的問題，所以首求設計適度，視覺上要令人感到舒適，適合人眼長時間觀看，這是「好看」；

涵蓋面廣，適合各種風格場合，通用性強，排版的內容類型要足夠多樣化，這是「好用」。

選擇 PPT 模板一定是「好用」最重要，而不是第一眼的「好看」。

很多模板之所以好看，是因為它所用的範例圖片好看，但如果換成自己的圖片，還能這麼好看嗎？也特別提醒各位讀者，**千萬不要選擇母片複雜的模板，因為真的很難用。**

（1）優質 PPT 模板之「好看」

既然說到「好看」，那就不得不提到審美。雖說每個人的審美都是非常主觀的，但我們在實際選用模板時，要牢記 2 個要點：

① 不要選擇帶有鮮明的「上個時代審美印記」的 PPT 模板；
② PPT 視覺最重要的是久看不膩的「舒適感」，而不是第一眼就讓人們讚歎的「驚豔感」。

根據上述兩個審美標準，我們一起實際對幾個模板進行分析。先舉例說明，什麼是「上個世代審美印記的模板」？請看圖 8-2 所舉的兩個案例。

這種在很久以前曾非常流行的「經典的藍色商務風模板」和「3D 小人模板」，至今仍然能在各大網路平台上看到，但在現代的商業場合中，基本上已經沒有在使用了。個人建議能不用就不用，除非你的老闆特別喜歡這種風格。

圖 8-2

　　接著再看兩個第一眼就讓人驚豔的模板（圖 8-3）。比圖左側的「花卉藝術模板」，第一眼看上去文藝感十足，我承認它非常好看，也曾下載過幾個類似的模板，但後來發現在職場的商業簡報中，這類藝術模板很少派得上用場，只能放在硬碟裡積灰塵。

　　而右側的「超夢幻星空閃耀 PPT 模板」，第一眼給人十足的驚豔感，但選模板時，除了看封面外還要看正文頁。請你仔細看正文頁，這種閃耀背景搭配黑色字體不好看，白色字體又看不清楚，閱讀體驗並不好，所以也不是最優的選擇。

圖 8-3

　　什麼樣的模板才是「真正好看」的呢？有一個很重要的指標，那就是符合「當前時代的審美需求」。

　　比如因為網路時代的到來，「帶插圖的扁平化模板」（圖 8-4 左）就頗受歡迎。扁平風格的人物插畫能夠簡潔明瞭、快速準確地描繪出人、事、物的特點，並且直觀、輕盈而富有藝術感。

　　有人曾進行過數據統計：「插畫對用戶的視覺效果要比普通攝影照片好 7 倍之多。」插畫也更適合如今快節奏的閱讀。

　　還有近幾年因為遊戲「紀念碑谷」的流行帶動了 2.5D 風格插畫的崛起，在商業使用上，2.5D 的設計加上各種流行配色方式、靈活度大、可適用性強，當下網頁設計、UI 設計等都大量採用這種風格，PPT 設計也是（圖 8-4 右）：

圖 8-4

　　這邊只是簡單舉例，不是說上述兩種風格一定是最棒的，而是**選擇模板時要考慮與時俱進**。比如「歐美商務風模板」也是經典的老風格了，但是設計也在隨著時代審美觀的改變跟著變化。

（2）優質 PPT 模板之「好用」

　　現在很多模板都存在著「設計過度」的問題，第一眼看上去十分驚豔，畫面飽滿、圖片精美……當你毫不猶豫下載之後卻發現，根本一點都不好用！這

是因為：

　　① 職場 PPT 中你常常不得不用難看的圖片；
　　② 現實 PPT 的文案內容往往很複雜，模板中內容的排版往往又過於簡單，你不得不自己構思排版。

　　舉兩個例子（圖 8-5），第一個是「UI 簡約風模板」，第二個是經常出現於演講場合的「宇宙星空風模板」，這兩個模板雖然設計精美，但對於 PPT 新手而言使用難度過高，為什麼呢？

圖 8-5

　　因為這兩個模板在設計上很克制，風格極其統一，這種簡約風模板對使用者的文案精煉能力、素材尋找能力和設計排版能力都有不低的要求。要知道，**設計上做減法比做加法要難得多**。
　　我建議各位在挑模板時，可以參考圖 8-6 這類模板涵蓋面廣，具有各種排版版式、數據圖表和表格，通用性高、且配色舒適不會過於放縱，實際套用時修改起來非常簡單、容易上手的模板。
　　這樣的模板符合優秀模板的兩大標準「好看」和「好用」，在平時一定要注意多累積。

圖 8-6

03‧快速套版製作的 8 個技巧

現在你已經知道了從哪裡可以又快又好地下載免費模板，也知道了如何挑選真正的優質模板，這裡還有 8 個技巧能幫助你進行快速套版：

（1）挑選模板時，要注意符合公司的「形象與氣質」

假如你現在要為某科技公司製作發布會 PPT，封面文案已經擬定好了，就叫「2017 年 AI 人工智能，如何創造商業新浪潮」，可能有人會想「說到人工智能，那首先聯想到的就是機器人的形象，還要符合商業的主題，那我就找一個商務藍的模板」，做出來的成品如圖 8-7：

圖 8-7

　　結果呢？肯定會被打槍，雖然製作者有進行初步的分析和思考，但都太過淺顯了。試想一家利用科技力量迅速發展的 AI 公司，會甘於如此平淡的表達嗎？

　　顯然我們要考慮的是，公司在使用這些 PPT 的場合，是希望透過簡報的設計和形象的傳達，達到一個什麼樣的目的？所以在選用模板時，黑主任教你一招，**請事先提煉出品牌要傳遞形象的關鍵字。**

　　本次簡報主題是「2017 年 AI 人工智能，如何創造商業新浪潮」，這明顯是一場帶有宣傳和傳播性質的宣講會。不但可能會有媒體參與，一般在這種大型的發布會現場，為了強化資訊的傳達，多半使用深色背景的設計基調；且為了讓媒體和與會人員有很棒的傳播素材，在 PPT 封面上，要設計出一種「科幻大片的既視感」。

　　綜合以上考量，我選擇了另一個模板（圖 8-8）。對比一下，高下立判。

圖 8-8

（2）注意查看模板是否「使用特殊字體」

　　當你新下載了一個模板後，請先確認該模板是否有配套下載的字體，有的話請先安裝字體再打開模板，不然很容易出現字體缺失的情況。這樣不光拖累了製作效率，對簡報的視覺表現力也會造成負面影響（圖 8-9）。

圖 8-9

（3）確認模板後，先製作「5 頁 Demo」給上級確認

具體作法參考本書 P.046 頁

（4）製作正文頁時，「不再盲目尋找別的模板」

在製作正文頁時，如果你在模板中找不到適用的版式，千萬不要再盲目尋找其他模板，這會造成時間上的浪費。

你可以事先打開 3 個左右、正文頁版式豐富的模板，然後就鎖定用這 3 個模板。如果還是不夠你用，記得活用之前推薦的「iSlide 外掛」網路模板，或是使用「SmartArt」的文字一鍵轉換排版功能，省時高效才是套版的王道。

（5）套版製作時「務必要慎用素材的搭配」

我理解各位 PPT 愛好者可能存了很多新奇、有趣、好玩的設計素材，平時也沒什麼機會拿出來表現，好不容易有機會做 PPT 了，就會想拿出來盡情使用的心理。但在搭配素材時要謹記，千萬不要使用「審美過時的素材」「與主題無關的素材」（圖 8-10）。這樣看起來會不但突兀，也不自然、不協調。

圖 8-10

（6）在設計上，要適度「學會做減法」

現代主義建築大師密斯・凡德羅曾說：「less is more.」其實設計的減法比加法更重要。

這句話是對現代設計精神的概括，這個原則影響了幾代設計師，也影響著正在做 PPT 的我們。以圖 8-11 左側為例，該頁在配色的使用上就顯得過多了，應對其進行減法、統一配色，經稍微調整版式平衡後，圖 8-11 右給觀眾的視覺體驗就完全不一樣。

圖 8-11

（7）記得勤用「快捷鍵和外掛插件」

提升效率的操作技巧回顧：

①將「自動儲存」的時間間隔設置為 5 ～ 10 分鐘；

②將「最多復原次數」設置為 100 ～ 150 次；

③設置「預設文字方塊」與「預設圖案」；

④「複製格式」與「複製動畫」，點 2 次就可以重複用；

⑤隨時「Ctrl+S」儲存、做錯「Ctrl+Z」復原；

⑥重複上一操作就按「F4」鍵；

⑦勤用「外掛插件」輔助。

（8）做完了不要激動，「記得 Final Check」

交給老闆前，記得先按下列清單做最後的檢查：

①有沒有誤用模板自帶的動畫效果？轉場和內頁動畫是否都正常？

②特殊字體是否都進行了特殊處理？常規處理操作是在儲存時勾選「在檔案內嵌字型」，或是將特殊字體都另存爲圖片格式。進階操作是你可以下載「LT」附件，使用它的「文本矢量化功能」，將文字變成圖案格式。

無論你選用哪一種方法，都要保證對方在別的電腦打開 PPT 時，字體不會跑掉。

③檔案大小是否超過 30RMB ？如超過，請使用「iSlide」進行 PPT 瘦身。

④最後在寄出時，記得要發送三種格式的檔案：PDF、PPT 和 PPTX。

那些從不缺乏靈感的 PPT 高手，是這樣培養創意美感

向有結果的人學習，是成長最快的方式 。

什麼時候做 PPT 有如神助？

當我們靈感湧現時，不僅效率奇高，做出來的成品也十分富有創意與美感。但大多數時候，靈感卻總是缺席。黑主任也曾因沒有靈感而傷透了腦筋，只好一直對著螢幕發呆。

直到後來，有一位 PPT 大神送給了我提升靈感的四字藥方──「看、想、仿、講」，意思是：

（1）多觀察

生活中，美的事物無處不在。比如捷運和公車站台的海報，許多電商平台、音樂、遊戲、電影的宣傳及廣告等，都是創意的源泉。

只要我們善於發現生活中的優秀作品與創意並累積下來，一旦能掌握十之一二，就能給我們巨大的靈感啟發。

（2）多思考

有了靈感後，你要開始思考，要做出這樣的作品，需要用到哪些 PPT 基礎

知識和技巧？

（3）多模仿

為了做出好的 PPT，好的審美是必不可少的。模仿是提升審美的有效途徑，生活中那些優秀的設計作品，有近 70% 都可以靠 PPT 模仿出來的，要養成勤動手練習的習慣。

（4）多演講

神奇的是，當我們在演講時，就會發現許多在製作時發現不了的瑕疵與問題。我們要跳出製作者的框框，站在聽眾的角度去思考問題，去發現我們自身的不足，才能真正實現自我的持續提升。做 PPT 是如此，磨練任何一項技能都是如此。

這四字藥方簡單明瞭地指出了激發靈感與提升美感的捷徑，那就是「**看足夠多的好作品，然後依葫蘆畫瓢模仿，汲取優秀創意的精華**」。

要知道，只有極少數人的靈感來自於天賦，大多數人的創意靈感，是來自於日常生活中日積月累的觀察和練習。而那些信手拈來優秀創意的 PPT 大神們，其實無非就是比你我看了、模仿了更多的好作品。

既然提到了要多模仿優秀作品，那就不得不思考 3 個關鍵點：

①如何高效搜集優秀創意為我所用？
②哪裡可以找到優秀的創意與設計？
③好的設計創意是如何模仿出來的？

01・如何高效搜集優秀創意，為我所用？

如果你想快速搜集全網的優秀作品，一張張拍照、截圖、下載、儲存和整理效率實在太低了，絕不是個好方法。

黑主任推薦使用一個超強的靈感採集附件：「花瓣網頁收藏工具」（可掃描下頁 QR CODE 快速進入）。它能隨時隨地幫你採集任意網站上的圖片、影片和截圖，並分類儲存到雲端資料夾，功能非常強悍。具體使用方式如下：

①進入「花瓣網」，完成註冊登錄（圖 9-1）。

圖 9-1

②按照指引安裝「花瓣網頁收藏工具」。

③安裝完成後，在任意網站上看到喜歡的圖片或影片封面，只要將滑鼠放到圖片上，圖片左上角就會出現一個「採集」按鈕。

點選後在彈出的操作界面中選擇儲存分類（可當下自定義創建），最後再點選「採下來」，就完成了雲端儲存（圖 9-2）。

圖 9-2

④採集的創意作品，會出現在「花瓣網 - 個人中心」裡。

透過這個小工具，我們就可以非常方便、快速地打造自己專屬的創意靈感庫了，據說現在每天有超過 100 萬名設計師使用該附件從全球網站採集超過 200 萬張靈感圖，推薦你趕快來試試看！

02・哪裡可以找到優秀的創意與設計？

身處於當今網路時代的我們，真的是非常幸福，因為網路拉近了我們與優秀創意的距離，讓我們不用再風吹雨打跑到外面去尋找作品，有許多平台已經幫我們網羅了來自全球各地的優秀設計：

（1）花瓣網

不僅可以幫我們採集作品，「花瓣網」每天都在匯集大量優秀創意作品，堪稱滋生創意的土壤，是靈感枯竭時的首選。

（2）站酷網

是一個綜合性的設計師社區，我個人非常喜歡。很多設計大神都會在「站酷網」上交流展示自己的作品，還可以直接關注自己喜歡的設計師主頁，相信能給你非常不一樣的啟發。

（3）Reeoo

一個專門收錄「優秀網頁設計」的網站。在所有類型的平面設計當中，網頁設計是最接近 PPT 設計的一種，這類網站會更容易激發 PPT 的設計靈感。這個網站還有個很酷的功能──能基於「顏色」和「終端設備類型」進行作品的篩選，使用非常靈活。

（4）千圖網

一個「專注於免費設計素材」的網站，它目前擁有高達 700 多萬張的免費素材，囊括了平面廣告設計、電商淘寶設計、元素背景、PPT 模板、插圖繪畫等，而海量的素材就代表著海量的設計靈感。

（5）68 Design

該網站的宗旨是「為千萬設計師求職接單」，所以也有非常多設計師在這裡展示作品，和「站酷網」有點類似。

（6）設計師網址導航

一個終極的設計師導航網站，各式各樣的設計資源應有盡有，只有你想不到的，沒有它欠缺的。實際體驗一下，你就知道資源有多豐富了！

（7）創客貼

黑主任的壓軸推薦。「創客貼」是一個極簡的在線設計工具，不但擁有豐富的平面設計模板，也有許多實體印刷品模板，包括名片、履歷、邀請函、榮單、海報等。除了提供你靈感外，若用微信直接登錄，就可以使用免費模板線上編輯和下載。

03 · 好的設計創意要如何模仿？

即使有了想模仿的作品對象，也無法保證你能做出一樣的效果。

想模仿一個設計創意，也需要講究技巧和步驟。沒有章法的模仿是無法復原出優秀創意的原貌的。就好比我們在素描人臉時，一定是先畫出臉型的輪廓和五官的走向，才去畫局部的細節，如此才能真正還原出人的樣貌與神情。

（1）第一步：模仿「視覺配色」

模仿的第一步，是從整體上確定視覺風格的走向。

下圖是一份闡述投資需求的 PPT（圖 9-3），該頁配色只選用了兩種顏色，視覺效果平淡無奇。

圖 9-3

於是我在設計靈感網站上找到一張邀請函的設計作品（圖 9-3 左上角），它同樣是使用兩個顏色的配色方案，看起來卻更有活力、也更有質感。接著我用「色彩選擇工具」給原本的 PPT 進行配色上的模仿，做成了以下成品（圖 9-4）：

圖 9-4

只是換了個配色，視覺效果就有了翻天覆地的變化，難怪「顏色搭配」會被稱之為「視覺上的魔術師」。

（2）第二步：套用「排版樣式」

黑主任曾在淘寶看到一張橫幅 Banner（圖 9-5）。

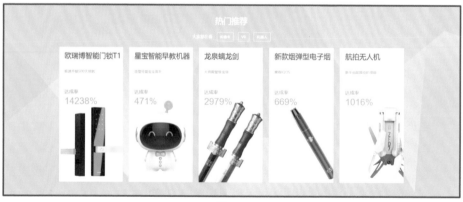

圖 9-5

　　黑主任當下就覺得它所採用的排版方式非常適合用來陳列、展示各個產品和對應的銷售數據，於是參照其版式做了一頁產品匯報 PPT（圖 9-6）：

圖 9-6

　　從這個案例中我們能發現，只要能模仿出「視覺配色」和「排版樣式」，就能把一個優秀創意復原出七八成了，所以模仿可以說是最簡單、提升作品美感的方式了。

（3）第三步：複製「設計元素」

　　請看下頁案例（圖 9-7），無論是配色還是排版都沒有可借鑑之處，作為主題的人物圖片我們也無法複製使用。

　　但這張圖有一個非常鮮明的亮點，那就是圍繞著人物四周的發射線條。這些發射線條賦予了人物動態的視覺感，讓整個畫面有了一種由靜態到動態的演變過程，這就是值得我們去借鑑的「設計元素」。更重要的是，這只要透過 PPT 就可以完美複製。

圖 9-7

（4）第四步：要有「全局意識」

除了上述的三個技巧外，我們更要具備由淺入深、由全局到局部的設計思維。唯有具備了「全局意識」，才算真正成為了模仿高手。

從現在開始累積你看到的優秀創意，然後不斷地進行思考和模仿，相信你的美感以及 PPT 水準都會有極大的提升。

04 · 黑主任碎碎唸

很多人認為 PPT 很簡單，甚至不以為然，總想著自己只需花幾小時、或是一天就能全面攻克。其實基礎操作真的不難，但為何人人做出來的應用成果總是大相徑庭？

想把 PPT 做好、做精，甚至做到驚艷全場是沒有速成方法的，唯有透過日復一日地進行「看、想、仿、講」練習，才能實現從量變到質變的提升。

三、職場情境篇

製作商業企畫簡報
的必備技能！

10

如何幫公司做出超吸睛的
「定制級 PPT 模板」？

把一件事做到極致，勝過把一萬件事做成平庸。

　　我和許多為客戶提供行銷服務的乙方合作過，協助他們撰寫商業提案簡報。在此過程中，我發現了個很有趣的現象――那就是越是缺乏團隊穩定性與成熟性的公司，在提案時就越會在 PPT 設計上耗費精力。

　　就好似每一位新上任的專案經理總想著要推翻前一任留下的痕跡，這其實是缺乏團隊凝聚力的典型表現。每位新官都試圖用自己的主觀意識取代公司意識，這類公司的提案成功率與客戶續約率往往不如預期。

　　而另一類公司則完全相反，儘管專案經理們所負責的案子各有不同，但他們無一例外地在提案時表現出高度的一致性：**那就是從不在 PPT 設計上花費太多精力，把使用公司統一的視覺模板視為己任，甚至引以為榮，這是對公司品牌高度認同的特徵**。故每次提案時專案團隊都能心無旁騖地投入到內容探討上，靠出色的創意和縝密的邏輯取勝。

　　雖然不是說視覺統一的 PPT 模板就一定能提升團隊凝聚力，但是每一間員工認同感高的公司，一定非常注重統一的形象輸出，用公司標誌取代員工個人的主觀偏好。

　　儘管道理淺顯易懂，但是該如何做出專業級別的 PPT 模板呢？這可難倒了不少提案負責人。一來眾口難調，擔心設計過於平庸沒人肯用；二來也要考慮

到模板使用的持續性，更新頻率不宜過於頻繁。

其實，想爲公司設計「定制級 PPT 模板」只需要考慮兩個關鍵：「**辨識性**」和「**通用性**」。

01 · 定制級 PPT 模板之「辨識性」

所謂的「辨識性」，是要突出品牌或是所屬行業的調性及風格，讓觀眾只需一眼就能聯想到品牌或是所屬行業。簡報的「辨識性」一共由三大元素組成，分別是「LOGO」「顏色」和「IP 形象」。

（1）元素一：LOGO

LOGO 是一個品牌的生命，是每個公司獨一無二的辨識標誌，所以在 PPT 中嵌入 LOGO 是基本常識。

然而只是嵌入 LOGO 其實對提升簡報「辨識性」的幫助不大。這是因爲當今公司眾多、品牌泛濫，大部分的 LOGO 都不具備市場知名度和記憶點，更別指望這類 LOGO 能直接爲 PPT 加分了。所以除了 LOGO 之外，還需加入其它輔助元素。

（2）元素二：顏色

「顏色」是品牌的第二個辨識標誌，同時也是整份 PPT 中被大面積使用的元素，只要運用得當，絕對是一大有力的視覺武器。

那麼顏色該從哪裡來？首選「公司的 VI 系統」，即公司的視覺標誌系統。該系統結合了公司的企業文化和實際運用表達，做到了品牌的專屬性和識別上的唯一性，當用戶看到這個顏色時，就會想起你的品牌（如圖 10-1）。

同時，VI 系統有很詳細的使用規範，工牌、名片、宣傳名冊、筆、桌牌等，很多細節都考慮得很清楚。

圖 10-1

　　你可能會說：「我們公司沒有 VI 系統！」這很正常，因為 VI 系統很貴（數百甚至上千萬新台幣一套），大多新創的中小型企業、或是傳統企業都不會有。

　　那該怎麼辦呢？你還可以考慮從下面三者中進行取色：

　　①取自 LOGO：很多公司為了後期的品牌宣傳，在設計 LOGO 時會配好顏色組成，這時直接使用「色彩選擇工具」進行取色就行了。

　　②取自官網：有些公司的 LOGO 很簡單，沒有多餘的顏色構成，但官網在進行設計時會有統一的視覺規範，你可以進入官網取色。

　　③選用行業配色：打開「iSlide」外掛，找到「色彩庫」，即可根據色相、色系和行業類別篩選配色。

　　篩選結果會顯現出該行業的知名公司，並提供給你這些公司所用的視覺配色（圖 10-2），真的是非常強悍的功能。

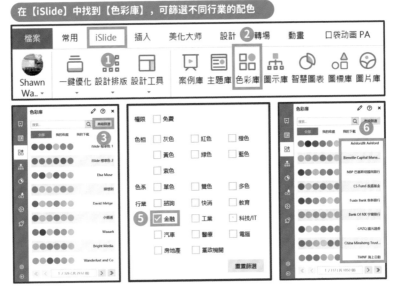

圖 10-2

（3）元素三：IP 形象

「IP」是品牌的人格化表達。

爲了與新世代的消費者溝通，越來越多的品牌開始打造自己的 IP，而其中也有許多廣爲人知的經典案例，比如日本的熊本熊、寶可夢、台灣 7-11 的 OPEN 小將等，都已成爲了品牌新生代的代言人。

若你的公司也打造了品牌的 IP 形象，千萬不要浪費掉了。把 IP 作爲模板設計的主要元素，不僅會極大地提升辨識性，還會使整體畫面更有活力。

比如「黑主任」的黑馬頭像就是一個擬人化的「IP」，我去演講時，一定會讓「黑主任」在 PPT 上和學員們見面（圖 10-3）。

圖 10-3

02．定制級 PPT 模板之「通用性」

所謂的「通用性」，是要考慮到使用者的水準和使用情境，讓模板具有易操作性。**重點一是降低使用難度，不要設計很複雜的母片版式；二是投影片頁面的模板類型要齊全。**

一個完整的 PPT 模板需有 5 種頁面：封面頁、目錄頁、轉場頁、正文頁、結尾頁。其中封面頁、轉場頁以及結尾頁使用的設計樣式通常是一致的。

（1）封面頁

① PPT 封面頁的重要性：簡報時，封面頁就是給人的第一印象，也是整場演講的形象擔當。

在很多大型發布會上，封面頁的巧妙設計是運用了心理學的「錨定效應」，也就是人們在對某人某事做出判斷時，容易受到第一印象或第一資訊的支配，第一印象會在對方大腦中占據主導地位。

所以封面頁的作用不僅在於高顏值的視覺享受，更是爲了進一步影響觀眾，從而達到建立深刻印象、提高期待感的目的。

②封面頁必要的元素及常見排版方式：通常而言會包括「主／副標題文案」「公司 LOGO」「設計材料」和「匯報人和日期」這 4 類元素。常見排版方式分別是「靠左對齊」「置中對齊」和「靠右對齊」（圖 10-4）。

圖 10-4

爲了方便大家理解，黑主任針對 3 種排版方式各舉了 3 個案例（圖 10-5），封面頁的設計美感在此不做深入講解，各位請先掌握製作的方法論，並透過實踐 P.092 頁的方法提升美感，自然就能做出非常吸睛的封面頁了。

圖 10-5

③讓封面頁更具有視覺表現力的 2 種方法：

A. 選用電影級品質的圖片做背景。宇宙、星空、大海、高山、城市景觀等主題的圖片都是非常不錯的選擇，會讓封面具有大片既視感。

B. 使用表現力強、具備鮮明特徵的特殊字體，這些字體或瀟灑飄逸、或霸氣豪放、或娟秀含蓄、或古韻十足、或活潑可愛……只要在符合主題的前提下巧妙運用，就會有意想不到的效果！

黑主任爲各位整理了「特殊字體大禮包」，就在隨書附贈的「模板大禮包」內。裡面是我個人搜集、整理的精選字體，不僅精美實用也容易駕馭。

（2）目錄頁

① PPT 目錄頁代表著簡報整體的邏輯框架，重要性僅次於封面。此外，目錄頁在演講時還有 3 個重要作用：

A. 剛看完封面，是觀眾注意力最集中時，在此時就說明了整份簡報的邏輯框架，更能激發觀眾興趣；

B. 觀眾看到目錄頁後，就對你下面要講的內容有了期盼和預期，利於打造心理預期；

C. 演講時目錄頁可以充當過渡頁進行轉折，有承上啓下的作用，利於推進演講進程。

②目錄頁有幾個常見錯誤，分別是：

A. 章節標題長度不一，導致畫面失衡；

B. 標題間的間距不統一，讓畫面變得凌亂；

C. 選擇了襯線字體（字體筆畫粗細不一，比如：宋體），辨識性差，請看下圖案例（圖 10-6）。

圖 10-6

③ 正確製作目錄頁的 2 種方法：

A. 確保標題文案的一致性：我們不光要善於劃分簡報的內容板塊，也要給每個內容板塊取名（也就是每個章節的命名）。章節命名的統一性，非常有利於視覺上的規整和平衡，請看圖 10-7 的兩個案例，只要章節的名稱字數都一致，排版起來就很好看。

圖 10-7

　　重點一說下案例②，該案例的章節名字數很多，因此借助了矩形圖案來承載章節名。這樣就算字數略有不同，矩形圖案在排版上也有幫襯作用。插入矩形圖案還有個好處，就是當你進入下一章節時，給圖案用上不同的顏色，觀眾就能清楚知道下一章節要講什麼內容了，這是一個設計上的小巧思。

　　B. 要根據閱讀的視覺方向進行排版，請看圖 10-8 的 2 個反面案例：

圖 10-8

　　先看案例①，花花綠綠的，看起來設計很飽滿，但是第一眼看上去，你覺得適合閱讀嗎？想當然不是。觀眾第一眼看上去目光是發散的，不知道從哪裡開始看，也不知道往哪個方向看；案例②雖然排版方式是「從上往下」，符合人眼閱讀習慣，但是觀眾在閱讀時的視線是左右來回晃動的，體驗也很差。

　　那該如何正確排版呢？首先，先將目錄頁分為「主標題區」和「正文區」（圖 10-9），「主標題區」就是目錄標題，「正文區」則包含了序號、小標題和簡介文字（根據具體情況進行取捨）。

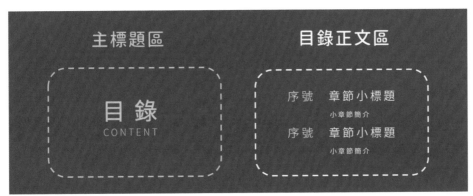

圖 10-9

　　排版時我們要將這兩個區域根據人的視覺閱讀習慣進行排版，一般來說有
3 種排版方式：「從上到下」「從左到右」和「從下到右上」（圖 10-10）。

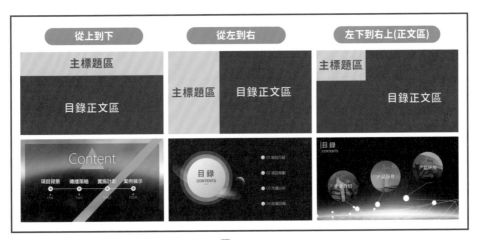

圖 10-10

　　只要遵循正確的製作原則，隨你設計千變萬化，都必會是出色的作品。

（3）正文頁

　　相較其它兩種頁面類型，「正文頁」的設計就顯得輕巧許多，並無約定俗成的原則或易踩的雷區，只需根據「封面頁」和「目錄頁」的設計風格進行延伸設計。

　　要注意的是留白區域要充足，給使用者足夠的空間去填充內容。曾有學員問我：「需不需要在正文頁模板中事先繪製好大量圖示，以供員工能快速使用？」我想是沒有必要的，即使你現在花大力氣繪製了一堆圖示（比如：金字塔圖、SWOT 分析圖等），對未來使用者的幫助並不大，因為你無法預測未來的使用訴求。

　　與其事先準備好圖示，不如教給員工正確的「邏輯表達」方法，授人以漁才能從根本上解決問題。

　　另外，為了讓使用者在製作時能保持風格的一致性，最好在正文頁上標註使用規範，比如：字體字號、間距行距、顏色選用範圍、是否需要備註標題和頁數等細節規定等即可。

　　只做 5 頁 Demo 的模板，使用者會不會覺得不夠用？

　　不必過於使用者擔心能力不足，留給他們自我發揮的空間，也是一次磨練的機會。現代管理學講究「選、育、用、留」，即便只是提供 PPT 模板這樣的小工具，也是「培育」人才的一次機會。

做出讓老闆也大力讚賞的
「公司介紹頁」

積極主動是一種優良特質，一個只會被動接受任務的人，絕不可能出類拔萃。

　　職場 PPT 和大學生做的 PPT 有何不同？有一個非常鮮明的特點，就是在職場 PPT 中，我們要做很多和公司業務推進相關的重要資訊展示，而且這些資訊展示並不是只要做得好看就行了，還需要我們深入去思考這些資訊展示的本質目的是什麼？老闆的期望是什麼？客戶的期望是什麼？想盡辦法滿足、並超越他們的期待，從而達到推進業務的目的。

　　當老闆要你做一份公司介紹 PPT 時，正是希望你能充分展現品牌精神與公司優勢，力求給客戶留下深刻的印象，而不僅僅只是把公司介紹的文字貼到投影片上。可惜大多職場新人意識不到這點，因此常常做出令老闆搖頭的作品（圖 11-1）。

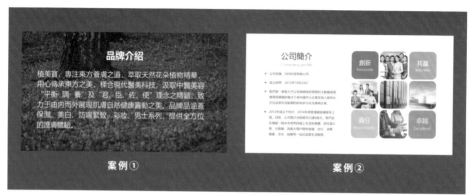

圖 11-1

想要做出讓老闆和客戶大力讚賞的「公司介紹頁」，需要學會考慮 2 點：

①意識到公司介紹頁的行銷價值。

②掌握公司介紹頁的內容構成。

01 · 意識到公司介紹頁的「行銷價值」

（1）介紹頁的本質

無論是 B2B（公司對公司）還是 B2C（公司對消費者）的宣講場合，公司品牌介紹的本質都是「內容行銷」。

美國內容行銷協會對此的定義是：「內容行銷是一種通過生產發布有價值的、與目標人群有關聯的、持續性的內容來吸引目標人群，改變或強化目標人群的行為，以產生商業轉化為目的的行銷方式。」

介紹頁的本質目的就是要實現商業上的轉化，產生商業價值。基於此目的，簡報者必須要根據目標群體的特性以及關注的著重點，去篩選和重點表達你的關鍵資訊。

（2）介紹頁的作用

對於公司而言，品牌介紹頁的作用有 5 點：

①在最短時間內塑造「品牌識別標誌」，在目標群體心中留下心智印象。
②快速與目標消費群體建立信任感，降低消費者／客戶的購買風險。
③減化消費者的決策流程，快速達到轉化率提升的目的。
④成功塑造品牌能有效撬動合作資源，做到資源聚合。
⑤品牌是能規避低價競爭，提高產品溢價的最佳手段。

是不是大開眼界？看似簡單的介紹頁背後，居然隱藏著如此多的商業意圖，這還僅僅是職場歷練的冰山一角。在職場上，能養成策略性思考和大局意識的人往往走得更快、更遠。

02・掌握公司介紹頁的「內容構成」

介紹頁要包含哪些內容？

在此黑主任想先提問，當你在逛購物網站時，看到一個吸引你的商品，但是你卻從來沒聽過這個品牌。你拖動滑鼠繼續往下滑，想看看該品牌的介紹，什麼樣的介紹內容是能打動你的？我想肯定不會是公司名稱、註冊資本或是主要營業務範圍這些生硬的資訊，因為這些資訊離你太遠了，感受不到溫度。

事實上，也沒有電商是這麼介紹公司品牌的，因為這麼做介紹的店家大都無法成功銷售商品。

通常而言，具有打動人心力量的內容有 5 個，分別是「公司簡介」「歷史成就」「實力優勢」「品牌精神（理念）」和「創始人的故事」。那是否只要將這 5 塊內容整合，就是個出色的介紹頁了呢？當然不會這麼簡單。你要根據實際情況篩選有價值的內容板塊進行整合，我們一起來看個實際案例：

現在要為「安聯財險」製作演講 PPT，規定其中關於公司介紹的內容最多不能超過 3 頁，該如何製作呢？首先要了解這家公司，我們從網路上搜尋到安

聯保險集團的相關資訊（圖 11-2），資訊量很龐大：

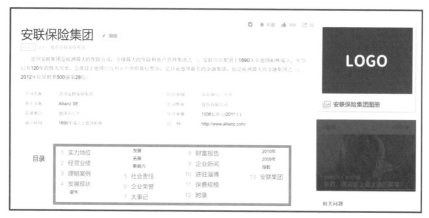

圖 11-2

　　若只是整理出重點內容複製到 PPT 上，大多數人都能做出如下水準的作品
（圖 11-3），自己覺得還不錯，但其實這種程度也僅僅只是看起來還過得去而
已，根本無法對公司的品牌形象和業務發展發揮推廣作用。

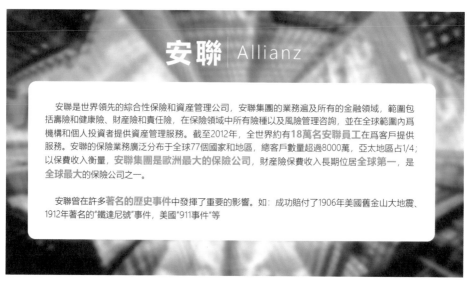

圖 11-3，內文資料來自百度百科

　　我們還是要回歸到最初的原點，站在目標消費群體的角度去推測他們的疑惑點，去思考如何才能贏得他們的信任，並最終達成商業目的。由此一來，我們就知道該給消費者看哪些資訊，以及如何呈現展示。

　　消費者會有哪些疑惑點呢（圖11-4）？或許有人從未聽過安聯保險：「安聯是什麼公司啊？這麼多保險公司為什麼選擇安聯呢⋯⋯」由此我們就要去思考，如何塑造品牌的辨識度和記憶點。

　　可能還有消費者雖然聽過公司名稱但沒有信任感：「安聯我聽過，但是這家公司的服務好不好？理賠速度快還是慢？償付能力好不好？是否值得信賴、會不會一出問題就拒賠⋯⋯」這時使用案例來展示品牌的實力和責任感，是最有力的武器。

圖 11-4

　　基於上述兩點思考，為了成功塑造品牌的辨識度，PPT整體的主視覺採用安聯特有的深邃藍（取自 LOGO），走高質感的風格（圖11-5）。設計想法在手，就能胸有成竹地開始製作。

主視覺配色：深邃藍

主設計方向：高大上（品牌調性）

圖 11-5

（1）品牌簡介：增加品牌辨識度

①安聯是一家提供全球性服務的公司，爲了體現其服務網點遍布全球的強大實力，選用了一張全球環宇的圖片做背景全鋪展示，並在圖片上方插入一層透明蒙版。顏色使用安聯的深邃藍，定下視覺基調。

②其次是提煉關鍵資訊。重點是展示「安聯歐洲第一」的文案，而「財產險保費全球第一」則是輔助證據，增加可信度。

在文案左側的留白區域，可以加上品牌特有的素材，比如總部大樓、服務團隊照片等，在本書案例中，黑主任選用了個歐洲商務人士的素材做替代。

圖 11-6

（2）品牌實力優勢 - 增強信任感（圖 11-7）：

①選用安聯慕尼黑足球場的圖片做背景，並將其等比例裁剪成 4 等分，形成了非常鮮明的分割線，用來區隔文案。

接著我們將提煉出的 3 大優勢一一呈現。每一個資訊點都是圍繞「歐洲第一」「實力強大」的特點來描述的，加深觀眾的信任。

②做職場 PPT 時有個很重要的技巧，就是在每頁的頁頭區域加上標題。如此一來觀眾就能知道你說到哪裡、說的是什麼內容。

③本頁的排版方式，是遵循從左上到右下，從左到右的人眼閱讀習慣進行，閱讀體驗佳。

至此做完第二頁，頂多是完成了「品牌辨識度的塑造」和「建立信任感」兩個作用，並沒有「增加品牌的記憶點」，這又該如何做到呢？

圖 11-7

（3）歷史保障案例，加強品牌記憶點（圖 11-8）：

透過先前查詢的資料，發現安聯在諸多著名的歷史事件中發揮了重要影

響，因此第三頁可以做成時間軸，展示歷史性的保障案例。

這麼做有 2 個好處：一是使品牌形象和著名歷史事件產生記憶聯結，增加品牌的聯想點和記憶點；二是進一步表明了安聯強大的保障實力，從而加深客戶的信任感。記憶點與信任感，這是達成商業轉化過程中必不可少的 2 個重要因素。

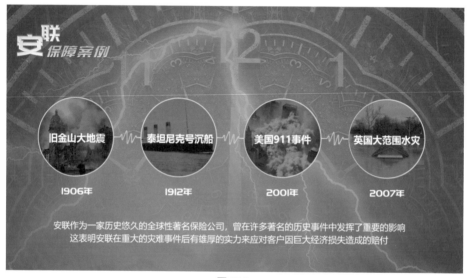

圖 11-8

至此一份完整的品牌介紹頁就完成了，我們圍繞著「增加品牌的辨識度」「增加品牌記憶點」和「建立並加深客戶信任」三大目的製作了 3 頁 PPT。相較於大段文字直接複製貼上，透過「以提升商業價值為導向」目的做出來的介紹頁，是不是更有亮點、更有理有據呢？

若你在製作 PPT 時，能養成動手前先進行策略性和目的性思考的習慣，那黑主任確信，你所獲得的將不只是老闆和客戶的讚賞，還有屬於你個人的快速成長。

12

「產品介紹頁」怎麼做，
才能吸睛又動人？

職場中，很多人能力差別並不大，但做事呈現出來的結果卻經常是天壤之別。這背後的原因不是能力，而是態度的問題。

行銷雙板斧：公司品牌介紹和產品介紹

　　除了公司介紹頁外，產品展示介紹同樣是市場行業中不可少的環節。一份好的產品介紹 PPT 能激發客戶的購買欲。

　　我從大學開始就開設自己的淘寶店做生意，因此也得以有機會接觸到許多傳統製造業想要轉型電商的業務主管或老闆，他們都有個非常顯著的共性，就是對自己的產品很有信心，當面介紹起來頭頭是道。但是一說到如何將產品的賣點進行包裝，放到網路上以平面設計展示的方式進行銷售，無一例外地都兩手一攤直搖頭。

　　明明產品這麼好，卻無法表達出來，著實是一件憋屈的事情。放到今時今日的職場中，類似的情景每天都在上演。

　　老闆要你做一份產品介紹 PPT 對客戶宣講，但拿在手上看了看，總覺得不如對手的介紹頁做的有感覺。不夠美觀吸睛、不夠有格調、不夠有氣質、賣點展示不明確……

　　其實沒有信心的根本原因，在於缺乏一個行之有效的製作方法論來參考。產品介紹頁該怎麼做，才能吸引眼球又打動人心呢？

01・優秀產品介紹頁的「4個要點」

　　想要做出一份優秀的產品介紹頁，你首先要學會判斷一份產品介紹是否優秀。有以下4個要點供你參考：

①產品要突出，在視覺引導上要注意優先順序，要注意產品大小的擺放。

②背景要有質感，要能突出產品的調性，例如專業、奢華、高品質等。

③賣點要清晰羅列出來，做好以小點方式呈現並輔以細節圖做展示。

④文案內容要精簡，讓人短時間內一眼就知道你想表達什麼。

02・提升產品介紹頁設計感的「6個方法」

（1）產品圖與圖案色塊疊加

　　利用圖片與圖案色塊形成遮擋關係，能為畫面構建空間感，請看下圖案例（圖12-1），不但突出展示了產品本身，也非常注重視線引導。文案精簡、核心賣點明確，還以小點方式展示其餘賣點資訊，符合優秀產品介紹頁的標準。

圖 12-1

　　當然，圖案色塊並不一定是「純色填滿」，可將圖案設置為「漸層填滿」，將其變為漸變的透明蒙版，插入在高質感的背景圖與產品圖之間，能有效緩和兩張圖片之間的不協調感，構建起和諧的立體感觀（圖 12-2）。

圖 12-2

　　不僅圖案色塊的填滿樣式可以任意設置，就連圖案的形狀都可以千變萬化（圖 12-3）。利用 PPT 自帶的「編輯端點」功能，讓帶有優美弧度曲線的平滑圖案和產品圖片疊加，一樣具有空間上的視覺感，而且還為文案提供了承載區域。

圖 12-3

（2）產品圖與文字疊加

　　賣點文案與產品究竟誰才是主角？這是一個在設計時，不斷自我矛盾的過程。過於突顯文案會怕喧賓奪主，而過於突顯產品又感覺過於弱化文案，分寸難以拿捏。其實兩者間不需要分割得過於明顯，可以透過穿插疊加的方式，將兩者融為一體（圖 12-4）。

圖 12-4

（3）產品圖與產品圖疊加

　　圖片與圖片疊加，並透過大小和虛實對比，營造出遠近交錯的畫面感，讓主體產品構造視覺焦點。此方法常用於只有單個產品的情況（圖 12-5）。

圖 12-5

（4）全局與局部對比

　　這是展示細節圖時最精妙的用法，事先準備一張產品全景圖，一張放大特寫的細節圖。以全景圖為主要元素，把細節圖裁剪成圓形（相當於一種放大的效果），並配上文案，就能讓畫面顯得靈動（圖 12-6）。

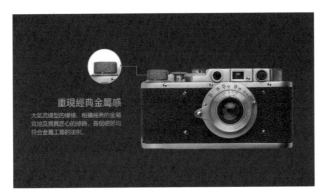

圖 12-6

（5）單產品多賣點展示

　　有人說：「我只有一個產品，但有好多賣點要突出、好多細節要展示，能不能就在一頁中完整展示呢？」

　　最常用的排版方式有 2 種，一是將主體產品置於畫面中央，將賣點環繞產品四周排版展示，如此一來就顯得非常直觀（圖 12-7 與圖 12-8）。需要注意的一點是，文案需要注重對齊，千萬不要歪歪扭扭的。

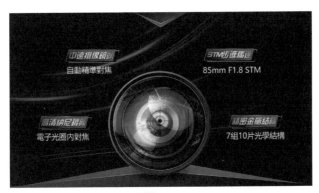

圖 12-7

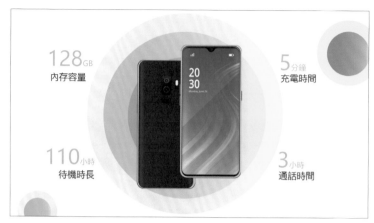

圖 12-8

二是將產品和賣點文案分割排版（圖 12-9），比如產品在畫面左側，賣點文案集合在畫面右側，足夠的留白能讓畫面顯得簡約又靜謐。

圖 12-9

（6）多產品集合展示

可能又有人會說：「我有很多個產品，但是每個產品圖的形狀、大小都不一樣，全部放上 PPT 會顯得凌亂、不好排版，有沒有什麼好方法呢？」

在進行多圖展示時，圖片的數量、形狀和大小不一定正好符合構圖的需

要，此時我們可以借用圖案色塊作爲排版的輔助工具，不僅能統一多張圖片的大小、形狀和間距，遇到圖片數量不足的情況，還能用來彌補缺口，讓畫面看起來更整齊（圖 12-10）。

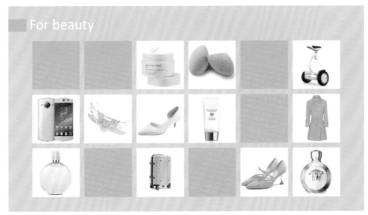

圖 12-10

這種排版方式的核心是統一每張圖片的大小，整齊地進行排列，避免重心失衡。整齊的事物，會帶來愉悅感。

03．去這「5 個電商網站」，尋找更多靈感

產品介紹頁的設計創意是層出不窮的，而激發靈感的最好方法，就是多看各大電商網站的商品介紹。除了我們耳熟能詳的 PChome、蝦皮和淘寶外，黑主任要再推薦你 5 個電商網站：

（1）天貓

天貓是阿里巴巴旗下的品牌電商平台，諸多國內外知名的品牌都在天貓上開設了品牌旗艦店，在這個平台上，說你能找到世界上大部分品牌的產品頁設計想法和設計風格也不爲過。

（2）京東

和天貓差不多，同爲綜合性電商購物平台，可以互爲補充。

（3）華爲 VMALL 商城

如果想參考 3C 產品的介紹頁，可以去華爲 VMALL 商城看看，介紹頁帶有簡約、線條、科技的特質。

（4）網易嚴選

產品介紹頁比較生活化，令人感到親切和舒適，有點類似 MUJI 無印良品的冷淡風格。

（5）淘寶眾籌

有很多新奇的產品和專案在做募資，常常可以看到一些別出心裁的產品頁設計，絕對會令你大開眼界。

04・不要自我設限，敢於另闢蹊徑

有時我們可能會受到一些客觀情況和刻板印象的制約，比如自身產品無可挖掘的賣點，行業調性古板老舊，公眾觀感印象不佳等，這時千萬不要自我設限、自我放棄，方法總是有的。

前幾年，中國網路界出了一個靠另闢蹊徑的設計，成功打響品牌知名度的經典案例──「衛龍辣條」。

辣條是一種豆製品零食，主要銷售區域是城鄉結合部、縣城、農村等欠發達地區，消費者對這種零食的傳統認知印象是：好吃、不健康、不衛生……這樣一種零食，若要你針對一二線發達城市的大學生和白領設計介紹宣傳頁並進行推廣，你會怎麼做？

大部分人可能會直接說：「怎麼可能！這太扯了，不可能做到啊！」但是「衛龍」卻想到了解決方案。他們參照「蘋果 Macbook 的介紹風格」，爲辣

條製作了一系列富有科技質感的介紹頁，一推出就受到廣大消費者的追捧，在社交媒體上瘋狂傳播，一夜爆紅。

　　只要你的商業目的明確，沒有什麼是不可能的。沒有人規定食品行業不能使用科技簡約風的設計，別人不但做了，而且還大獲成功。這種另闢蹊徑的設計想法，其實本質上是一種「跨界借勢創意行銷」。

　　當自身行業的賣點挖掘及產品介紹頁風格受客觀情況制約時，可以借鑑別的行業領軍企業的經典特質，再加以融入到自身產品上。這種方法的不是以提升轉化率為第一目標，而是為了滿足行銷需求，引起消費者興趣以達到曝光討論的傳播效果。

　　賈伯斯曾說過：「這輩子沒法做太多事情，所以每一件都要做到精采絕倫。」只要人一直抱持著這種心態，對每一件事都全身心投入，那未來一定不可限量。

13

做出兼具專業與美感的「核心團隊介紹頁」

在一家公司裡，核心團隊往往不是選出來的，而是「剩」出來的。能留到最後的，都是沒有大缺點、不犯大錯誤的人。

在職場上，無論是製作商業企畫書或合作提案，展示公司核心團隊及成員是不可或缺的重要部分。無論提案人如何才華橫溢，在他的背後若是沒有一個堅強的團隊做後盾，也是萬萬不能成事的。

一份出色的團隊介紹，能向投資人、客戶展示團隊的精神風采和專業形象。但團隊的出色並不是靠提案人嘴巴上說：「我的團隊真的很棒很專業。」再放張合照就能準確傳達的。

對方會看團隊的形象氣質、背景來歷、經驗是否豐富等表面資訊；也會去判斷團隊的構成是否合理，是否是一支有戰力、有才華，並敢於挑戰新目標的隊伍。

「團隊介紹頁」主要分為兩類：一是單人介紹，二是多人的團隊介紹。本篇不僅會告訴你正確的製作心法，也會透過多個案例激發你的靈感，幫助你做出兼具專業與美感的團隊介紹。

　　＊本篇所展示的案例人像圖片均來自免費的商用圖庫「Pixabay」與「Pexels」。

01 如何製作「單個人物的介紹頁」

（1）單人介紹頁的常見錯誤

鑑於「團隊介紹頁」對外展示的重要性，要想做出好作品，就必須知道哪些常見錯誤絕不能犯。

①**照片選擇要慎重**：選擇的人像照片，一定要是高畫質的圖片，並且人像所占面積要足夠大，要足以突出主角地位（圖 13-1）。

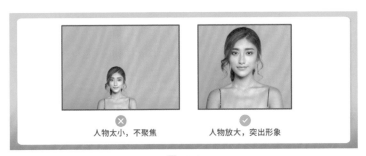

圖 13-1

其次，人像和背景的顏色不能太相近（圖 13-2）。左側的照片用於其他場合或許會有不錯的表現力，但在正式的商務場合，我建議還是選用能體現人物專業性的職業照，且人像顏色與背景色要有一定程度的反差。

圖 13-2

②**排版布局要正確**：文案與人像的排版位置也是有講究的，首先介紹文案的位置不能高於人像的額頭，最佳的區域位置，是將文案水準置中對齊人像的頭部區域（圖 13-3）。

圖 13-3

同時還要特別注意一點，那就是**人像視線方向與文案方位要保持一致**。

人物面部，尤其是眼睛，是非常具有衝擊力的元素，若是與文案相背，會導致觀眾視線無法聚焦（圖 13-4）。

圖 13-4

③**注意文案的層級關係**：在撰寫人物介紹文案時，要注意劃分好文案的層級關係。姓名的層級是第一位（如果是中英文姓名搭配，中文要優於英文名），其次是公司名稱和職位，最後才是人物經歷等補充性文案（圖 13-5）。

圖 13-5

（2）沒有好看的照片該如何補救？

只要選用了高解析度的人像素材，人物介紹就已經成功了一半。但若是實在找不到清楚的照片，手上的照片解析度很低，稍微放大就會變得模糊，該怎麼辦呢？有 3 種方式助你應急（圖 13-6）：

①照片像素低，放大就會顯得模糊。這時可以將照片縮小，裁剪成別的形狀，比如圓形、圓角矩形、正六邊形等，會讓畫面顯得簡約；

②若你覺得只是縮小再換個形狀太單調了，可以在照片外圍添加線框類等修飾素材，會顯得更有活力；

③或直接將照片調整到合適的大小，在底部添加相同形狀的圖案襯底，如此一來還能增加畫面的層次感。

① 裁剪成別的形狀　　② 添加線框素材修飾　　③ 用圖案色塊襯底

圖 13-6

（3）4 種方法教你提升設計質感

若是你手上有高清的形象照，那選擇就更多了。

①**刪除人像背景**：首先，我們可以用 PPT 自帶的「圖片移除背景」功能把照片去背處理，將人像變成透明底的 PNG 素材再進行設計。但經常有學員和我反饋，說該功能並不好用，對於人像的細節部分無法處理乾淨。這時該怎麼辦呢？

黑主任要再推薦一個好用的線上去背工具——「搞定摳圖」。只要上傳圖片，使用藍色畫筆標註保留區域，用紅色畫筆剔除背景，網頁右側可以預覽去背成果。完成後點選「下載儲存為 PNG」就可以了（圖 13-7），強烈推薦！

圖 13-7

搞定摳圖

②**利用圖案色塊進行疊加**：我特別推薦在設計「人物介紹頁」時，使用帶有傾斜角度的圖案。比如平行四邊形、梯形和三角形等圖案可以打破中規中矩的印象束縛，配合人像 PNG 素材疊加使用，就是一份具有動感的作品了（圖 13-8）。

圖 13-8

③利用**線框素材進行修飾**：所謂線框其實就是個空心的矩形圖案，不僅能發揮畫分文案區域的作用，還能與人像進行疊加與穿插設計（圖 13-9）。只要讓人像的一部分跨出線框之外，就能形成穿插設計，營造視覺立體感。

圖 13-9

④利用「**虛影疊加**」形成二次曝光效果：如何製作出下方案例（圖 13-10）中的「虛影疊加」效果呢？其實只需準備兩張人像素材，一張放大並降低圖片透明度置於下方，另一張正常大小與透明度的人像置於上方即可。

由於不同於傳統的設計想法，該效果很容易帶給人眼前一亮的感覺。若遇到無法調整圖片透明度的情況，則先插入一個大小形狀與圖片相同的圖案，再

將圖片進行複製、填滿到圖案中，就可以調整透明度囉！

圖 13-10

02‧如何製作「多人的團隊介紹頁」？

（1）多人團隊介紹頁有哪些常見錯誤？

①**關於照片的選擇**：在選擇團隊成員照片時，要避免使用生活照、自拍照，盡量選擇風格統一的職業照（圖 3-11）。就算你希望展示團隊活潑可愛的一面，也建議你找專業的攝影團隊拍攝風格統一的照片。

盡量不要選擇生活照　　　選擇風格統一的職業照

圖 13-11

②**關於照片的排序**：團隊成員之間都有職級之分，那麼職級的大小和照片的排序之間又有什麼樣的關聯呢？

在排序時，我們要根據人物的重要性，也就是按職級高低進行降序排列（圖13-12）。下方案例中的人物照片採用水平均分的排版方式，人眼的閱讀方向是從左到右，因此排在左邊第一位的就是職級最高的人物。

圖 13-12

③**臉部大小和視線水平要保持一致**：在排版時，要注意保持每個人的臉部大小與視線水準的一致性，這樣在視覺上看起來才比較統一。

請看下面兩組對比（圖13-13），同樣的兩組圖片，是不是感覺上面一組要比下面的一組在視覺上更加和諧呢？這是因為人們的面部大小相同以及視線都在同一條水平線上所致。

圖 13-13

④**其他注意事項**：此外還有一些常見錯誤，比如裁剪照片時只留了一顆頭，看上去非常不吉利。正確的裁剪方式是留出脖子，並在頭部上方有適度的留白。此外也要注意，不要讓人像漂浮在畫面中，更不要讓畫面模糊變形（圖13-14）。

圖 13-14

（2）兩種排版方式讓團隊介紹頁更出眾

①**從左至右橫向排版**：橫向並列式的排版，是做多人團隊介紹頁最直接的方法（圖 13-15）。

圖 13-15

若你希望畫面看起來更有動感，不要過於中規中矩，那你可以使用帶有傾

斜角度的圖案進行輔助設計，請看下 2 個案例（圖 13-16）：

圖 13-16

　　左側是將人像裁剪成平行四邊形的圖案、並列排版，也給每張圖片添加了底層陰影效果，視覺效果更加立體；右側則是將平行四邊形線框與人像 PNG 素材疊加，操作起來沒有難度，但是該排版方式非常巧妙，打破了橫向排版的束縛感。

　　想要做出以上案例水準的作品，相信難不倒各位讀者。我更希望透過這些案例作品傳遞一個觀點：**一份優秀團隊介紹頁的基礎就在於其「統一性」**。

　　人物的著裝風格、背景顏色、臉部的大小和視線的水準方位等，雖然單獨來看都是不起眼的細節，但正是這些小細節決定了作品的成敗。

　　②**從上至下交錯排版**：與橫向並列排版相反，將照片按從上至下的方式進行排版，有意識地進行交錯擺放，這是近年來非常流行的一種版式，但需要避免一個常見錯誤。

　　請看下頁圖 13-17 的左側範例，若是站在觀眾角度來閱讀，就會發現一個問題，我並不知道關於左上角第一個人的介紹文案到底是哪一塊？是右邊的還是下面的？這就會造成觀眾的混亂。

　　在採用這種交錯排版的設計時，一定要注意添加視覺引導的符號（比如一個小箭頭）。

圖 13-17

　　除了添加指引符號外，我們還可以透過「使用氣泡對話框」和「區隔背景顏色」兩種方式來做視覺上的引導和切割（圖 13-18）。最後再提醒一點，要按照人物的重要性從左上到右下做降序排列，千萬不能搞錯喔！

圖 13-18

　　排版的目的不光是為了讓畫面美觀，更是利用人們的閱讀習慣和心理，將重要資訊進行切割、關聯對應和突出強化。由於本書篇幅所限，無法展示更多案例作品，但請別覺得遺憾，黑主任為讀者朋友們準備了精美的「團隊介紹模板」，就在隨書附贈的模板大禮包裡，別忘了下載喔，希望對你能有所幫助！

合作客戶的「LOGO 集合頁」 要怎麼展示？

在職員工的光環，從來都是公司給予的。

　　在進行招商、合作提案等商務活動時，展示合作客戶的 LOGO 是公司用來展示品牌實力的常用方式。

　　「LOGO 集合頁」的本質，是利用以往合作品牌的信任背書，幫助公司與新客戶之間建立信任感的一種手段。儘管「LOGO 集合頁」看起來很簡單，無非就是將 LOGO 們集合起來統一調整大小和排序，但實際上並不好做，主要有兩個方面的原因。

01 · 「LOGO 集合頁」究竟難在哪裡？

（1）LOGO 風格的多元化

　　首先，LOGO 的大小、形式、顏色和組成款式各不相同（圖 14-1），風格混亂時自然就難以協調統一。

圖 14-1

（2）缺乏 LOGO 的原檔案

我們使用的 LOGO 素材，大多是從網上搜尋下載的帶白底圖片。缺少原檔不僅圖片容易模糊不清，在使用上也有其侷限性（圖 14-2），只適合放置在白色背景上，否則畫面就會顯得凌亂、不規整。

圖 14-2

最佳選擇是統一使用 PNG 透明底的 LOGO。由於少了白色背景的干擾，無論你把它放在什麼顏色的背景上都沒問題，使用範圍非常廣泛。

透明背景的 LOGO 還有一個妙用，就是可以使用 PPT 自帶的「圖片色彩調整」功能，將 LOGO 統一調整為白色後再進行排版，這樣整體畫面就更加簡

潔美觀了。因此製作 LOGO 集合頁前，請先做好 2 個準備工作：

　　①向合作方索取 LOGO 原檔或是 PNG 格式的圖片；

　　②若無法成功取得，就將白底的 LOGO 圖片進行去背操作，記得細節務必要處理乾淨。

　　千萬不要嫌麻煩，多花這一點時間的準備工作是完全值得的。磨刀不誤砍柴工，這句話放諸四海之內皆準。

02 ·「LOGO 集合頁」該怎麼排版才好看？

　　製作 LOGO 集合頁時，最大的難題就是「不知道該如何排版」，這正是因為 LOGO 的不統一性所導致。因此我們在實際製作時，要為 LOGO 們創造統一的排版空間，這裡將為你推薦 5 種好看又好用的版式。

（1）矩形布局法

　　由於矩形具有方正規整的特性，利用矩形圖案來承載 LOGO，製作者們只需在矩形內有序地放置 LOGO，就能輕鬆做出精美作品了（圖 14-3）。

圖 14-3

　　雖然 LOGO 們是「春蘭秋菊，各擅其場」，但只要讓它們都待在同樣的小空間裡，就顯得非常統一了。這就好比軍人穿著統一的軍服，就能體現出整體感是同樣的道理。

　　黑主任曾見過某本廣告宣傳冊，其中一頁展示了以往合作過的公司 LOGO。但由於 LOGO 數量實在太多了，全塞進一個空間裡，導致整個畫面顯得非常擁擠且沒有重點。

　　若是遇到這種情況，你可以考慮採用下方案例的設計版式（圖 14-4），將頁面分成上下兩個區域。上方放幾個有代表性的公司 LOGO，左右兩邊的小箭頭表示還有更多合作公司，給人以想像空間，並在下方展示幾個關鍵數字，更為簡潔美觀了。

　　要知道，LOGO 集合頁的核心目的是實力背書，要達成這一目的，有時候精煉的表達效果會更好。

圖 14-4

（2）圓形布局法

　　相較「矩形布局法」而言，「圓形布局法」在視覺空間上的留白區域更多，顯得更為簡約（圖 14-5）。

圖 14-5

（3）蜂巢布局法

「蜂巢布局法」是黑主任最爲推薦的手法，這是人類從自然界中汲取美的靈感的經典。

蜂巢其實就是正六邊形，將正六邊形進行貼合排版後，就形成了蜂巢的樣式。由於蜂巢緊密銜接的特性，即使 LOGO 數量多，也不會讓人感覺畫面太過沉重和壓抑（圖 14-6）。

圖 14-6

是不是感覺非常整潔美觀、又賦予了畫面一種動態的張力呢？有時候眞的不得不感嘆，大自然是最偉大的藝術家。

（4）菱形布局法

　　菱形其實就是旋轉了 90 度的正方形，但是「菱形布局法」卻有著「矩形布局法」所沒有的畫面張力，請看如下案例（圖 14-7）：

圖 14-7

（5）立體卡片法

　　立體卡片法是一種超高顏值的設計，只需設定好襯底圖案與 LOGO 的「立體格式」與「立體旋轉」的參數，就能做出如下案例（圖 14-8）所示的卡片風設計。

圖 14-8

　　這樣的呈現方式除了能瞬間提升設計感外，還能突破傳統的排版局限，賦予一種現代的美感。你還可以把其中一個小卡片立起來，在上面寫上標題文字，如此一來就顯得更加精緻了（圖 14-9）。

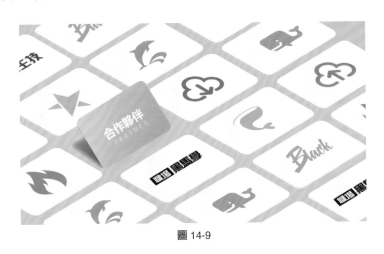

圖 14-9

　　至於該如何設定 LOGO 的「立體格式」與「立體旋轉」的參數呢？在這裡不多做贅述，你只要打開本書附贈的案例原檔案就能一探究竟囉！

　　最後還有一點：公司與公司之間的合作，是相互成就價值的聯盟關係，而公司與員工也是一樣。為公司服務的經歷將成為你個人品牌的背書，但僅僅只是背書而已，不代表你真正的能力。

　　在職時，員工的光環都是公司給予的，唯有去掉公司的光環才能真正認清自己的能力。學會客觀看待自己的價值，才能長久保持謙卑心與持續進步的動力。

　* 本篇所展示的案例 LOGO 大部分來自「圖怪獸」可商用授權圖標，少數來自「iSlide」下載的 ICON 文件。

15

如何用「創意時間軸」表現公司發展歷程？

你們創造了歷史，但絕不能忘記未來。

　　公司過往的成就與經驗，是奠定未來發展的基石。品牌底蘊越是深厚的公司，在贏得員工和客戶認同感這件事上，越具有得天獨厚的優勢。

　　前輩們負責創造歷史，後輩們則負責用歷史創造未來。那麼如何用更直觀、更富有創意的形式向外界展示公司的發展歷程呢？相信這個問題曾難倒了不少職場人。

　　在 PPT 領域，我們將用於展示時間序列的投影片統稱為「時間軸」，該形式能有效地將「時間節點」與「關鍵事件」聯繫起來，是一種非常直觀的展示形式。

　　「時間軸」最普遍的做法，是畫一條帶箭頭的橫線來表示時間的變化，在上面標注日期和事件。對時間軸稍有了解的人，就會知道除了文字外，也可以利用圖示來呈現，再加上一些圖標、線條和圖案進行修飾（圖 15-1）。

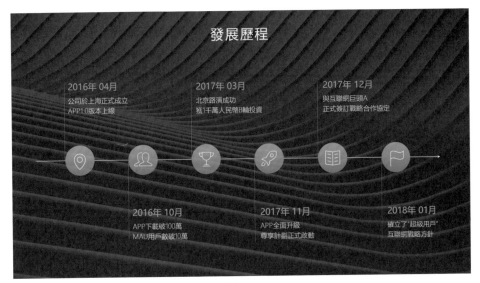

圖 15-1

雖然從操作角度上來看，要繪製出時間軸並不難，但若你因此小看了它，可是會吃大虧的喔！時間軸的製作要求一點都不低。

01·時間軸應該怎麼做？

想要做出優秀的時間軸作品，要遵循以下 3 大基本要求：

（1）保證文案行數的一致性

這是最常犯的錯誤。每個時間的事件描述文案行數不一致，會導致畫面顯得凌亂。正確的作法是改變排版方式，給文案留出更多的延伸空間，盡量單行展示。若無法單行展示，也要保證每個文案行數的一致性（圖 15-2）。

圖 15-2

（2）突顯文案間的層級關係

時間與事件是不同的層級關係，我們可以運用顏色差異、字體對比或添加圖案修飾等手法來突顯兩者間的層級差異（圖 15-3），畫面會顯得更加直觀。

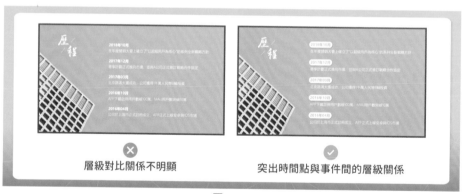

圖 15-3

（3）按照閱讀順序對事件進行降序排列

千萬不能搞錯時間順序。

在「豎列排版」時，要將離當前最近的時間事件置於第一個（圖 15-4）。這就好比你在寫履歷時，第一個呈現的一定是你上一份工作的經歷，而不是好幾年前的第一份工作經歷。

　　這麼做的目的不僅是爲了符合由上到下的閱讀習慣，還有一個小目的，就是當你在講公司發展歷程時，通常離現在最近的事件是最具宣傳和討論價值的，你可以順勢直接講解，利於聚焦聽衆的注意力。

圖 15-4

02・創意時間軸的 5 種表現形式

（1）橫豎表現法

　　「橫豎表現法」是最基礎的排版方式，通用是繪製一根線條當作時間軸主體，沿著線條軌跡展示時間序列和事件資訊。當然，線條並不一定要手動繪製，我們也可以另闢蹊徑，利用圖案與圖片之間的分割線當作天然的時間軸（圖 15-5 左側案例），看上去既簡約又直觀。

　　若是需要展示的事件較多，單一方向的線條不能滿足排版需要，也可以插入圖案「拱形」與「線條」拼接，組成蜿蜒的道路樣式，不僅能延展出更多的空間用於承載文案，還讓畫面顯得活潑又靈動（圖 15-5 右側案例）。

圖 15-5

線條是否是「橫豎表現法」的必要元素？答案是否定的。

雖然在多數情況下，線條可以起到輔助排版與視線引導的作用，但絕不能因此就自我設限。請看圖 15-6 的案例，在一張噴射升空的火箭背景上，就放置了 7 個不同透明程度的圖案來營造漸變效果，這 7 個圖案就自然形成了時間序列的承載空間，不僅設計精美而且寓意鮮明。

＊多個圖案間的漸變過渡效果，可利用「iSlide 外掛」中的「補間動畫」功能實現，具體操作請見軟體操作指引。

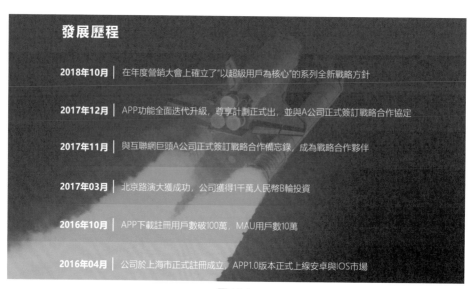

圖 15-6

（2）攀登路線法

這是一種在特定意境的圖片上進行延伸設計的手法，通常選用攀登者們往山頂努力的圖片來製作（圖 15-7），由於製作難度低且成品立意鮮明，廣受 PPT 愛好者的追捧。

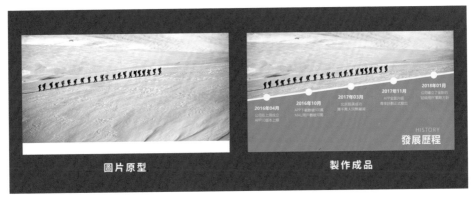

15-7

再看圖 15-8 的案例，背景是巍峨壯麗的雪山，畫面中正有一群人在向上攀登。借助這張圖片的意境，在圖片上方插入一層透明蒙版，並沿著人們攀登的方向和路線繪製時間軸，是不是非常唯美又契合主題呢？

圖 15-8

（3）時間弧形法

沿著弧形的曲線來表示時間的變化（圖 15-9）。

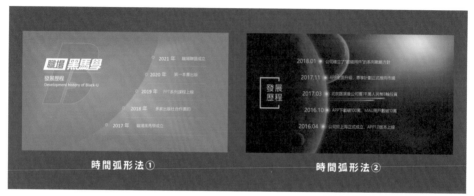

圖 15-9

　　人類用來標註時間的儀器都是圓形的，例如手錶、時鐘等，而弧形是圓形的一部分。用「時間弧形法」做出的作品往往具有美觀大器的特質，借助圓形的物體（如星球、手錶等）進行輔助設計，還能提升整體的設計質感。

（4）網格切割法

這是一種創意滿滿的時間軸作法，話不多說，直接看案例（圖 15-10）。

圖 15-10

相信很多讀者朋友一眼就看出來了，「網格切割法」其實是先在背景圖片上插入一個「網底透明、線框纖細的表格」，再將時間事件有序地放入表格自帶的矩形內（相鄰事件上下排列），就能有效形成時間軸所需的順序。

（5）實景路線法

將實景的道路、橋樑和隧道等圖片作為時間軸來展示（圖 15-11）的方法，效果取決於你所使用的圖片質感。

圖 15-11

03・如何讓時間軸更有創意？

只要學會了上文所述的 5 種基本表現形式，想要做出 90 分的作品是沒問題的。若你還覺得不滿足，想要實現自我的突破，嘗試挑戰 100 分的作品，有沒有什麼更新潮的方法呢？

有一個非常經典的做法，是根據你所處的行業，用能代表該行業的標誌物品來繪製時間軸，讓作品更富有鮮明的行業特徵，進而增強視覺上的衝擊力。

　　比如航空業可以用飛機雲當做時間軸，汽車輪胎行業可以用路上的胎痕，珠寶業可以用珍珠項鏈，鋼筆業可以用筆畫痕跡等來表示（圖 15-12 與圖 15-13）。

圖 15-12

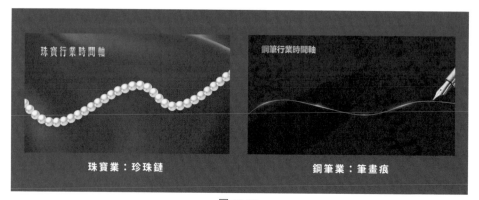

圖 15-13

　　無論身處何種行業，只要你用心尋找，一定可以找到具有代表性的標誌物品來製作 PPT。一旦你掌握了箇中訣竅，你會發現這個方法真的是非常有趣，創作時會感到無比的快樂。

　　黑主任曾經癡迷於搜集各種主題的標誌物品，然後把正經八百的商業簡報改版成趣味主題，比如在以「馬力歐」和「寶可夢」為題材的改版作品中，就曾創作過特殊的時間軸作品（圖 15-14）。

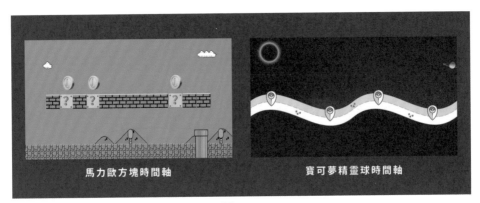

圖 15-14

稻盛和夫曾經說：「愛上自己所做的工作，僅這一點就能讓人生碩果累累。」

雖然許多人認為做 PPT 是一件痛苦的工作，但痛苦地做是做，快樂地做也是做。與其給自己留下痛苦的回憶，不如試著去享受，你會發現，原來工作中的自我創造與成就感也能帶來樂趣。

專案經理必學！
「PPT 甘特圖美化指南」

任何人，只要能通過與他人協力完成工作，就是一個有領導力的人。

　　「我是個專案經理，工作上經常會使用到甘特圖，但在 PPT 上卻不知道怎樣才能把甘特圖畫好。有沒有什麼好的建議或方法？」這是我某天登錄「職場黑馬學」粉專後台時跳出的留言。我想，是時候針對「PPT 甘特圖」的議題專門寫一篇美化指南了。

　　甘特圖在職場上的運用範圍非常廣泛，行銷人員用來做推廣進度表、專案經理做項目進度表、電商運營做活動籌備進度表……可以說只要涉及到「工作分配協調」和「時間進度管理」就離不開甘特圖（圖 16-1）的使用。

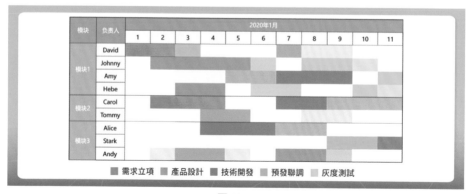

圖 16-1

　　甘特圖框架清晰簡約、有著一目了然的優勢，我們經常能在專業經理的電腦裡看到這樣的圖。然而看上去簡單的甘特圖，其實蘊藏著大學問。相信你也一定注意到了，考慮到操作的便捷性與處理的資訊量級，實際上大多數甘特圖都是用 Excel 或專門的軟體繪製的。

　　但用 Excel 做出的甘特圖往往資訊量過多，更利於實際操作，而不適合簡報展示。那該如何才能用 PPT 做出簡易、精美又直觀的甘特圖呢？請收好下面這份「PPT 甘特圖美化指南」囉！

01．PPT 甘特圖必備 3 要素

　　當我們製作甘特圖時，需要涵蓋很多面向的資訊，隨便舉幾個例子：專案名稱、時間（開始、結束工期）、所需成本和資源；負責部門、跟進人員、各自負責的職能畫分；細分項目之間的承接關係、任務關鍵節點的決策權；及時調整各個細分項目的工時和資源調度、應急備案……

　　不難看出，想要統籌一個專案，需要具備優秀的全盤考量能力。一個優秀的專案經理是善於加法的，能做到「高處著眼，低處著手」。而考慮事情越是全面的專案經理，因為能串聯起專案裡的每個細節，做出來的甘特圖資訊量也往往越多。

　　但在簡報中所使用的甘特圖，卻是要求我們善用減法，越簡易直觀越好。那該如何做減法？哪些資訊可以刪除？其實 PPT 甘特圖什麼都可以刪，但有 3 個關鍵元素必須保留：

①甘特圖的主題。
②橫軸時間節點及縱軸項目／人員陳列。
③各細分項目所需時間資源及備註。

　　除後面兩點外，這裡需要特別說明的是第一點。「甘特圖的主題」其實就是最大、也是最重要的減法。

　　一般來說，一個甘特圖會同時涵蓋多個面向的進度，比如為某新產品上市策畫的行銷活動，會同時涵蓋市場行銷、媒體公關、品牌傳播、商務拓展等多個面向和其所屬的細分項目；而在做 PPT 時，只需篩選出你所需要匯報的主題，比如市場部的甘特圖匯報，就單獨羅列市場行銷的細分項目甘特圖即可。

　　但如果你正好就是「要匯報全部面向的進度」怎麼辦？

　　那也簡單，只需匯報各個面向的主進度即可，不需一一列出執行的細則。一定要記住，匯報給不同層級所用的甘特圖，著重點是不一樣的。如果是向管理高層匯報，那麼只需闡述各個面向的大進度和概況，一般不會過問執行面過細的東西；若是匯報給直接負責的中階主管，就需要講解執行面的內容。

02‧PPT 甘特圖美化步驟

（1）確定 PPT 風格與甘特圖主題

　　首先根據你所處的行業、公司調性與部門個性確定 PPT 設計風格。假設現在某科技公司的市場部，需要製作用於匯報「市場行銷進度與分工安排」的甘特圖，可以選用深色的背景，加上明亮的淺綠藍色營造出科技質感（圖 16-2），並確定主題為「市場行銷進度安排」。

圖 16-2

（2）陳列橫軸時間節點與縱軸項目／人員

接著來搭建甘特圖框架，列出橫縱軸的元素。通常橫軸代表時間進度，縱軸代表細分項目模塊。當然，我們還可以在時間進度區域添加一個漸變的矩形圖案，將進度條展示區域區隔出來（圖 16-3）。

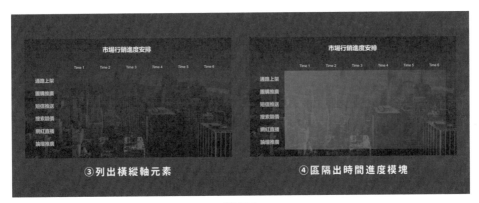

圖 16-3

（3）列出各細分項目的時間進度條

最後繪製好各細分項目所對應的時間進度條（注意進度條間的垂直距離要均等），還可以根據實際需要，在進度條上寫上負責人的名字或備註事項。如此一來，一份簡約清晰的 PPT 甘特圖就完成了（圖 16-4）。

圖 16-4

　　若你覺得畫面過於單調，還可以添加些修飾性元素，並給進度條填充不同的顏色，營造出一種漸變的設計感（圖 16-5）。

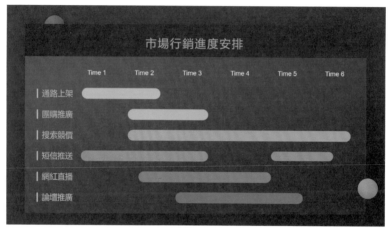

圖 16-5

　　一整套流程走下來，是不是發現其實真的沒有多少難度？唯一的難點可能就在於進度條。若你覺得自己功力實在不夠（老是變形，很難對齊），那麼黑主任再教你一個方法：繪製表格輔助製作甘特圖（圖 16-6）。

圖 16-6

　　有了表格的輔助，繪製進度條就變得非常簡單了，還能給進度條添加不同的顏色做修飾。

　　但是有一點務必要注意！多種顏色的使用只能運用在「進度條」上，橫縱軸的配色要統一，不能為了追求美觀而使用過多的配色，這樣會顯得過於花俏（圖 16-7）。畢竟配色的使用不僅是為了追求美觀，更是為了「統一性」與「差異性」服務的。

圖 16-7

04 · 另類的甘特圖畫法

　　橫軸為時間，縱軸為項目模塊，是甘特圖最普遍的畫法。但黑主任近年來還看到另外一種十分驚豔的畫法，在此和你分享（圖 16-8）。

　　在這種畫法中，橫軸代表流程與所需時間，縱軸代表項目模塊所需的人力，這兩個變量非常直觀地體現在進度條（矩形圖案）的長度和高度的變化上，清晰明瞭，還能讓觀眾看到整體流程的進度規畫與安排，十分實用。

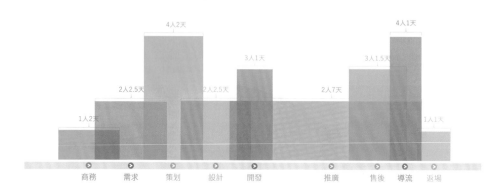

圖 16-8

　　不管你是不是專案經理，不可否認的是，每個職場人都需具備一定的專案
管理能力。希望下次你能有機會運用本篇所學知識，繪製出令人稱讚的甘特圖
作品。

　　鑑於從 0 到 1 手繪甘特圖較為麻煩，黑主任也為你準備了模板福利，就在
隨書附贈的模板大禮包中，千萬記得去下載看看喔

四、職場闖蕩篇

武裝自己的大腦，
升級闖關能力！

17

【工作匯報】
工作努力也要懂得表現！
每年升職的人都如何做工作匯報？

善於總結匯報的人，永遠比你想像中的更厲害。

「工作匯報？要我主動找老闆報告是不可能的，老闆問起我才會說，沒問最好。」

在職場上不知有多少人抱持著上述想法，害怕與老闆交談，平時遇到老闆就躲得遠遠的，希望自己變成老闆眼中的隱形人，更別提會主動找老闆匯報工作了。殊不知，這種「害怕老闆」的心態已經在無形之中成為你職場晉升的天花板。為什麼？這就不得不提到兩大職場誤區：

（1）只要做好本職就可以了！

相信很多人都這麼認為，如果老闆有識人之能，自然能注意到自己的優秀之處，匯報只是一種表面形式罷了。

但事實上，匯報工作本身就是工作的一部分，是你職責的一部分，老闆都希望下屬能主動向自己匯報工作進展和交流想法，若是老闆主動找到你問起進度，那其實是在釋放一種信號，他已經等你主動匯報等得不耐煩了，你在他心中已經處於失職的邊緣。

（2）老闆們基本上都很忙，注意力十分稀缺

　　你要想在眾多職員中脫穎而出，那勢必要尋找機會曝光，懂得在老闆、在眾人面前展示自己的成果和想法。要想做到自然不刻意，匯報工作就是一個天然存在的契機，你絕對要把握住。

　　工作匯報，除了在職場晉升上有著策略性的作用外，對個人的成長也有極大的正面反饋。匯報工作本身就是一個自我總結的過程，在這一過程中，我們能做到自我反省和思考。

　　職場上有句話是這麼說的：「高手的厲害之處，就在於同樣一件事，他比你更善於總結。」無論你是想升職做主管，還是創辦自己的事業，學會、並善於總結，永遠是通向成功的一條捷徑。

01・聰明的職場人，都贏在工作匯報上

　　前段時間，黑主任接到了一通電話，是前公司實習生 M 打來的。他最近在職場上遇到了挫折，難以平復心中的委屈，也不明白自己究竟輸在哪裡。

　　到底發生了什麼事？原來，M 在 3 年前進入現在任職的公司，一直兢兢業業地努力工作著。努力到什麼地步？M 說他自己總是第一個到公司，最後一個離開，甚至有幾次為了處理緊急的重大案子，他一個人在公司通宵趕進度，而同事都早早下班了，也可說是勞苦功高。

　　不久前，M 的前上司離職了，老闆有意從內部員工中挖掘提拔，填補部門管理崗的職缺，M 無論是從資歷還是專案成績來看，他都是被提拔的第一選擇，這讓他非常激動，認為自己的機會來了。

　　結果隔天早上，老闆宣布由剛進公司不滿 2 年的 V 來擔任新部門主管，後輩變老大，讓 M 受到了很大的打擊。他又委屈又不解，為什麼自己付出這麼多卻落到如此境地？他感覺自己在其他同事眼中就是個笑話。

　　我在電話這一頭，默默聽完 M 的故事後，問他：「為什麼好幾次緊急的案子，都是你一個人熬夜完成的？你沒有向同事請求協助，或和老闆申請資源嗎？」

　　M 歎了口氣，說自己性格內向、不善交際溝通，如果自己咬咬牙能做完就不麻煩別人了。在這種性格驅使下，M 和老闆的接觸不多，從不主動匯報工作、交流想法，更別談和老闆開口要資源了。

　　而新上任的 V，性格正好和 M 相反。在剛進公司時，雖然只是個新人，但 V 非常喜歡和上級主管溝通，經常找主管進行工作匯報，一週一次週報，每月主動給各級主管上交一份月度工作總結。在很長的一段時間裡，M 對 V 的行為感到十分不解。

　　在通話的最後，我對 M 引述了我老闆的觀點：「雖然我不清楚你們公司的具體情況，但我老闆以前曾對我灌輸過一個管理觀念。他說什麼樣的員工最有機會得到管理者重用？不是能力最強的，也不是最會犧牲付出的，而是在老闆心中狀態最可控的員工。

　　一個能積極主動，讓老闆隨時了解動態和想法的員工，帶給老闆的不僅是存在感，還有安全感，簡單來說就是『任務交給他，我放心。』反之，一個員工就算能力再強，如果他學不會和上級溝通的藝術，自然難以被委以重任，因為老闆沒有安全感，風險太大了。」

02・走出舒適區，主動進行匯報！

只要你想在職場上有所作為，「工作匯報」就是你不容忽視的武器。

（1）3 個關鍵節點，主動進行匯報：

什麼時候需要進行匯報呢？通常而言，有以下 3 個關鍵時間：

①**工作進行時**：很多人會等到工作完成後再匯報，但其實真正專業的作法，是在工作的各個主要階段完成後，就即時向上司反饋。這樣不僅可以讓上司掌握具體進度，也可以得到上司的建議和幫助。

②**工作完成時**：每當完成一項工作就要主動匯報，無論以何種形式，最起碼 LINE 發個訊息給上司，可以避免上司誤以為你沒有按時完成，或是你因為做得太差不敢報告。

③**出現問題時**：當工作遇到困難出現問題或是將被延期時，一定要告知上司，讓上司能第一時間幫助到你，千萬不要因爲擔心挨罵而自己默默承受苦果。要知道，這時候不匯報釀成的後果會更加嚴重。

（2）4 個匯報技巧，讓上司更認可你的工作：

同樣是匯報，有人只是單純列出工作事項，有人就能把話說到點子上、說到上司心坎裡。以下和你分享 4 個技巧，讓上司更加認可你的工作價值：

①**明確反饋具體的內容**：在寫工作匯報時，一定要基於客觀事實進行反饋，而非自己的主觀感受。

反饋的內容要突出重點主次，不能只是陳列工作內容的流水帳。若是需要反饋問題，一定要附上自己的思考和所需支持，而不僅是單純的陳述，否則就會像是把問題丟給老闆一樣。

②**說明自己的工作價值**：很多人常犯的錯誤，就是站在自己的視角去說明工作內容和收穫。比如這段時間裡和誰開了什麼會、寫了多少方案、學會了什麼技能方法等，但其實這都不是老闆最想看到的。

老闆想看到的，是員工在這段時間內爲公司的經營目標付出了多少，產出了多少價值。假如你是一名銷售員，你可以這麼說：「本月我爲公司開發了 10 個潛在客戶，其中 3 個已簽單，客單金額均在 10 萬以上，另外 7 個客戶還在洽談中，預計下個月會全部簽約完畢。」

③**表現自己積極的態度**：如果要問什麼樣的行爲會讓老闆對員工印象大減分的話，我想非「抱怨」莫屬了。富有同理心的老闆，都能理解員工在工作過程中若是遇到困難會想要發洩，但這種發洩情緒千萬不能體現在匯報內容上，畢竟沒有一個老闆會喜歡看到員工一直在抱怨，他們更願意看到員工展現出積極、具有正向感染力的態度。

假如你是一名粉專小編，本月因外部突發事件導致目標沒有達成，你可以這麼說：「本月粉專新增追蹤用戶數相較上月環比增長了 20%，但是受 X 事件的影響，導致最終成果離原先設定的目標有些差距，下個月的工作重心，是透過方式 A、方式 B 開拓新用戶增長來源，爭取增長率較本月再提升 30%。並

在本月經驗基礎上，建立應對突發情況的機制 C，避免未來類似事件影響粉專用戶的持續穩定增長。」

④呈現自己的工作潛力：如果你懂得有意無意地表現出自己有心進取、不斷挑戰自我的特質，讓老闆在匯報中看出你有很大的上升空間，能隨著公司發展的需要不斷提升自我能力，那麼我相信多數老闆在時機到來時，都會非常願意給你機會，以下舉兩個例子：

‧案例 1：雖然本月目標達成了，但在過程中發現客戶下單率一直無法提升，下個月我會和同事 A 一起著手解決此問題，爭取到下個月月底，下單率比本月上升 50%；

‧案例 2：本月我不僅完成了既定的銷售額任務，還利用週末休息時間和同事 B 一起參加「職場黑馬學」舉辦的交流論壇，學到了很多電商活動策畫的技巧，相信能為今年公司雙十一大促的成功添磚加瓦。

03‧如何寫出一份完整的工作總結匯報？

許多職場人其實已經意識到工作匯報的重要性，但每次寫起來都很頭疼，問題癥結點往往在於不知從何寫起？該寫哪些內容？怎樣的闡述框架才更符合邏輯？在本篇最後，黑主任從宏觀的角度，梳理了工作匯報的整體框架，希望能給你提供參考（圖 17-1）。

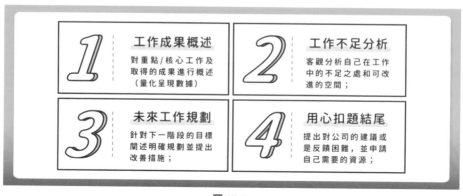

圖 17-1

（1）工作成果概述：

①**開場方式**：工作匯報的第一步，是將自己具體的工作成果，用簡潔的語言、可視化的方式進行展示。需要注意的是，這一步的敘述重點要放在具體結果上，盡量略過可有可無的鋪陳。為了讓各位更好理解，我們來對比以下兩種開場敘述：

・開場方式 1：我今天的匯報內容，主要分為 4 個部分：第一部分為先前工作的成果和概述，第二部分為分析工作中存在的不足，第三部分是之後工作的規畫安排，第四部分為總結。下面我先開始匯報第一部分⋯⋯

・開場方式 2：針對上個工作階段的匯報總結，我今天將圍繞 4 個數字開展：銷售額增長 45%；客戶滿意度提升 3%；客戶回購率提升 20%；客戶獲取成本降低 26%；這 4 個數字，就是本次的主要工作成果⋯⋯

如此一比較，第二種開場方式的優勢就十分明顯了，以具體工作成果為導向的敘述邏輯，更能激發上司的興趣與注意力。

② **5 個內容要點**：除了開場方式外，「工作成果概述」的內容也很重要，因為你不僅需要展示具體成果，還需要詳細說明你為了達成這些成果，具體做了哪些關鍵工作。讓我們接著在上述開場方式 2 後進行工作內容說明，你可以接著說：

・銷售額相比上一季度增長 45%，主要是因為我和同事 A 一起全盤拆解了公司的業務目標，細化到每天拜訪的客戶量，把每天拜訪的客戶數從之前的 10 位，提升了到了 15 位。此外，由於產品部門推出了應季的新品，配合市場部的宣傳策略，產生了口碑效應，也讓許多老客戶轉介紹來了新客戶。

這段話的意思是，銷售額能提升 45%，不僅有我的功勞，還有同事 A 和產品部及市場部同事的功勞，適當的推功攬過能讓老闆看到你的團隊合作意識。

為了讓你的說明內容表現出色，以下有 5 個撰寫要點希望能給你一點啟發（圖 17-2）：

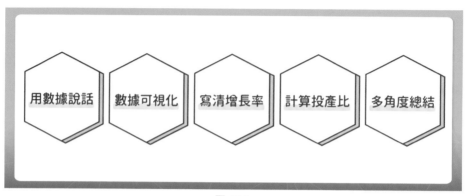

圖 17-2

　　・用數據說話：不僅要有準確的數據支撐你的成果／論點，還要註明數據來源及統計邏輯。

　　・數據可視化：靈活運用各類型的數據圖表，讓成果一目了然。

　　・寫清增長率：比較是突出進步的最佳手段。

　　・計算投產比：又稱爲 ROI（投入產出比＝收益／成本），任何工作的產能都是建立在資源投入的基礎上，只比較最終產能數字的分析都過於片面。

　　・多角度總結：這點尤爲重要，需要從不同的視角、從各個維度去分析成果背後的關鍵達成路徑和影響因素，這非常考驗一個人的概括歸納能力和闡述邏輯。

　　③注意避免 4 個誤區：

　　・避免在總結中出現「差不多」和「可能、應該」等模糊詞彙。

　　・對於成功的方案，不能主觀誇大事實，炫耀自己個人成績。

　　・對於失敗的方案，不能急於撇清責任，指名道姓打小報告。

　　・切忌什麼都想講，在總結中不抓住重點就顯得你缺乏邏輯。

（2）工作不足分析：

①**撰寫要點**：無論你是否真的找出了明顯的過失和不足之處，都要寫下自己關於優化工作的進一步思考。比如你已經完成了本月的既定目標，但可以這麼說：

‧雖然本月完成了既定的銷售目標，但在工作中我發現了自己還有很多需要改進的地方。比如，若是採用方法 A，客戶的成功開發量預計還可以再提升 15%。另外在簽單金額和客戶回購率方面，有幾位同事成績斐然，遠高於部門平均水準。我向他們請教了成功經驗，現在我們正在將各自實踐下來，行之有效的方法進行搜集彙整，準備同步給其他同事一同學習。

這樣既能表現出自己不滿足於現狀的進取精神，還能時刻提醒自己保持謙卑的態度。

②**注意避免 3 個誤區**：

‧真的寫自己的缺點，把個人生活缺點和工作缺點混為一談。

‧說一些無關痛癢的廢話，比如「因為過於追求完美」「心態沒有調整好」和「最近容易失眠」等。

‧工作不足的分析，與下一階段的工作規畫脫節。

（3）未來工作規畫：

工作匯報的第三步，是制定一個明確的、可執行的未來工作規畫。雖然做未來規畫不太困難，但往往會因無法執行而落空，最終流於形式。

其實問題的關鍵不是執行不到位，而是對未來規畫太過模糊，以至於無法完成。那麼，未來的工作到底該如何規畫呢？無論你打算做什麼，出發點一定要圍繞「目標」二字，沒有目標何以談規畫？

在此黑主任要強烈推薦一個非常經典的目標管理原則——「SMART 原則」，這個原則尤其適合管理中短期的目標。該原則由以下 5 個部分組成：

① S 即 Specific，**具體的**：意思是在制定目標時要明確不模糊。比如下個季度 A 部門的甲產品系列要新增 3 款新品，全部門營收增長速度要達到

200%。有了這些非常具體的、指標性的目標，我們才能夠有依據地制定出執行方案。

②M 即 Measurable，**可衡量的**：有些人的工作規畫及未來目標制定習慣寫得模稜兩可。比如今年要將公司品牌打造成市場上有影響力、有知名度的品牌，但是這種目標非常難以衡量，到底什麼叫做有名氣？要在哪一類人群中有名氣？怎麼來量化指標？這些都沒有講清楚。

但換個角度，說：「我們品牌的目標是成為 25 ～ 30 歲在台北上班的女白領心中，最受歡迎的平價面膜品牌」，這就不一樣了。等到年底做個市場抽樣調查或大數據分析，就能知道你的工作目標是否有達成。

③A 即 Attainable，**可實現的**：有遠大的目標是好事，但若是和現實情況完全脫節，就不是一個好目標。無法實現的目標甚至根本無法稱之為目標，因為已然缺乏了制定計畫的用途。

④R 即 Relevant，**相關性**：為了達成未來的目標，我們可能同時有很多件事要做，將這些事按相關性一一列出來，融入你的未來規畫中。

⑤T 即 Time-bound，**有時限的**：這個很好理解，意思是一定要給目標設定最後的完成期限。比如你為新來的小編定了個「粉專按讚數達到 2 萬」的目標，但如果你沒有定「要在多久內漲到 2 萬」，工作起來就很容易沒有動力

以上，就是我們在制定未來目標及規畫時常用的「SMART 原則」，試著將此原則應用到現實的工作當中，你會發現靠規畫達成工作目標，是一件多麼有成就感的事。

（4）用心扣題結尾：

如果你已經按上述方法寫完了前 3 部分的匯報內容，那麼恭喜你，只差最後一步了。這一步內容雖然精簡，卻能起到畫龍點睛之效：

①**提出資源申請**：出於對未來工作及目標負責任的態度，要正式地向公司提出資源申請，包括但不限於資金預算、人力物力等資源，確實地提出了申

請，才能讓老闆和你一起想辦法，也有利於落實自己的工作規畫。

②**提出或徵求建議**：最後你還可以向老闆、向別的同事收集建議，了解自己在他人眼中的不足之處，從而有針對性的提升自己。

要謹記一個心態，過去幫助你達成現在成績的經驗並不會幫助你在未來取得更高的成績。工作是一場不容懈怠的修行，千萬不能認為自己已經做到 100 分了。向他人尋求建議，無疑是讓自己保持成長動力的最佳方式之一。當然，若是同事向你徵詢建議，也希望你能「不吝賜教」。

要想做到這一點並不容易，這要求你在平時多留心了解其他部門的工作，並自我設想「如果是我來做，怎樣才能做得更好？」

一份工作匯報之所以卓越，並不是因為華麗的辭藻或 PPT 的精美設計，關鍵在於讓老闆看到了你的思考方式、特質和潛力。

別讓匯報工作成為形式，不要以完成任務的心態去看待它，把它當作是自我提升的一次總結，相信你會從中收獲成長。

18

【工作匯報】
想用 PPT 數據圖表展現工作亮點？
這些方法讓老闆眼前一亮！

這輩子沒辦法做太多事情，所以每一件都要做到精采絕倫。

　　相信在職場耕耘了多年的讀者朋友，或多或少都覺得名為「老闆」的生物往往記憶力都不是太好，很難有老闆會記得每位員工這一年來具體做的事和產出的貢獻。

　　當然，不管你認為自己有多大的功勞，老闆有很大的機率也不會記得你的。除非你在 Q4 時有個非常亮眼的專案表現，能讓老闆留個新鮮的印象，不然大多數人都得靠「年終匯報」來好好提醒老闆你這一年的成績，這在很大程度上決定了你今年的考核評級、年終獎金和來年的升遷機率。

　　「年終匯報」與平常「工作匯報」的不同之處，在於其意義是讓老闆一目了然你這一年的工作亮點，並使老闆對你有足夠的信心，從而達到讓公司給你投注更多資源與機會的目的。

　　是不是看了若有所思但沒什麼觸動？沒關係，我們來掰開揉碎背後的邏輯，這裡有三個重點：

　　①一目了然你的成績（**數據亮點可視化**）。

②對你有信心（展現良性的**數據趨勢**）。

③索取更多的資源與機會。

前 2 個重點都可以巧用 PPT 數據圖表來達成目的，具體怎麼做呢？

黑主任今天和你分享 8 種方法，都是麥肯錫、阿里巴巴、騰訊等世界一流公司都常用的技巧，不需要複雜繁瑣的操作流程，一學就能派上用場。

01・用「圖案」標註數據亮點

大多職場人在引用數據圖表時，僅僅是使用了「圖表功能」，做到了呈列數據卻忽略了突出亮點。請看下方案例的「直條圖」，展示的是從 2009 年到 2017 年天貓雙十一銷售額的增長趨勢（圖 18-1）。

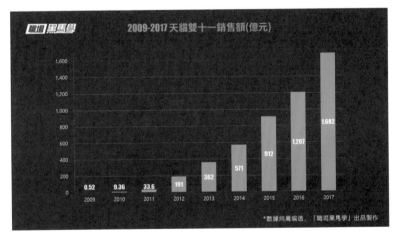

圖 18-1

可能你會下意識認為，這數據不是很漂亮嗎？很直觀地體現了連續多年快速增長的態勢。但是請不要忘記了，這可是天貓雙十一的數據，並不是每個人都能拿出這麼漂亮的成績單。當我們呈列的數據無法直觀地表現出亮點時，該怎麼辦？

　　這時我們能插入 PPT 自帶的「圖案」和「文字方塊」，將你提煉的亮點直接標註在圖表上做輔助說明，比如將 2009 年與 2017 年的數據做對比（圖 18-2），讓增長亮點一目了然。

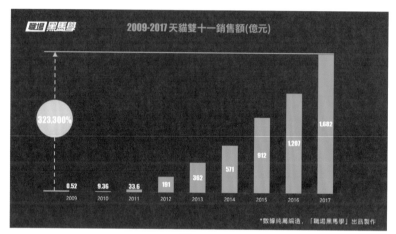

圖 18-2

　　或是在局部區域用箭頭圖案標註同比增長率，也能起到畫龍點睛之效（圖 18-3）。

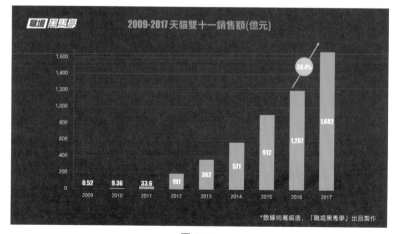

圖 18-3

02．添加醒目的「均值參考線」

數據的好壞都是比較出來的，比如現在需要展現 3C 產品線的銷售增長率，若是直接展示數據會顯得平淡無奇，但若用「參考線」的形式，將「市場同類產品增長均值」也一起標註出來，老闆就能一眼看出「增長率遠超市場均值」，亮點就能瞬間被放大（圖 18-4）。

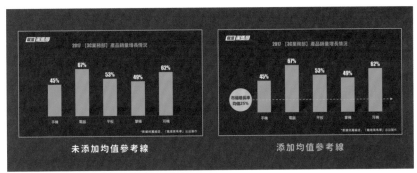

圖 18-4

03．變更對比數據的對象

但是，如果數據比市場均值低怎麼辦？尤其是一些根基薄弱的小公司，產品沒有顯著的競爭優勢，也沒有充足的行銷預算，與有市場基礎的同行競品相比，數據肯定是有些差距的。這時可以和自己過往的數據做對比（圖 18-5）。

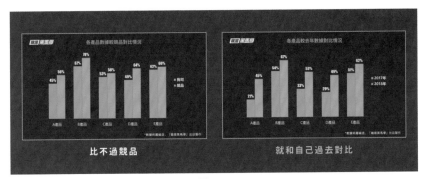

圖 18-5

　　這個方法的內涵邏輯是，找到比現在的自己弱的對象進行對比。雖然不是一個特別光彩的手段，但確實非常實用。

04 · 呈現歷史數據的累計值

　　再退一步說，若是今年的數據不僅競品比不了，連自己過往的數據都比不上時，那該怎麼辦？比如老闆要求你對某個老產品做近幾年的銷售趨勢分析，當你做出數據圖表時卻發現，這款產品在「年增長率」和「年銷售額」兩大指標中同時出現了負增長的情況（圖 18-6，黃色線條表示年增長率變化）。

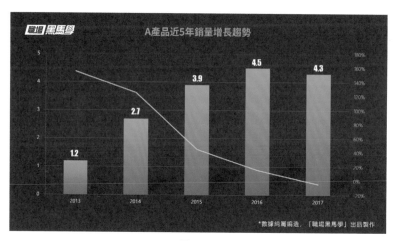

圖 18-6

　　這雖然蠻慘的，在現實職場中卻相當常見。外部大環境變化、消費的升級、氣候變遷、內部預算被砍……甚至這個產品已經非常成熟，出現了增長放緩的情況，這些都可能造成這個兩難的情況。

　　這時要讓數據看起來還過得去，可以用「區域圖」來呈現歷史數據的累計值。這樣即使實際增長率不如過往，從視覺方面看起來仍然有所增長（圖 18-7）。特別提醒，若是遇到對數據分析很精明的老闆，這個方法需慎用。

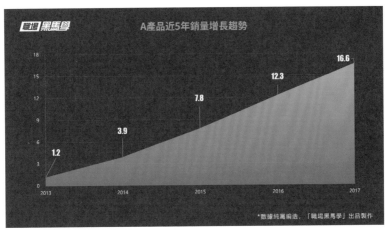

圖 18-7

05 · 當折線圖走勢朝上時，
用箭頭暗示未來趨勢

「折線圖」是最常用的數據圖表之一，常用來表示一段時間內數據的變化趨勢。雖然無法用來預測未來的趨勢，但這不妨礙我們利用一個暗示性的小撇步來增強老闆的信心。

當目前折線的走勢朝上時，我們就在折線圖末端增加一個代表增長趨勢的箭頭（圖 18-8）。雖不能保證未來的趨勢一定是增長的，但卻會給人一種未來會更好的心理暗示；當然若是折線的走勢非常平穩或略有下降，那麼就不要使用箭頭了，會起到反效果。

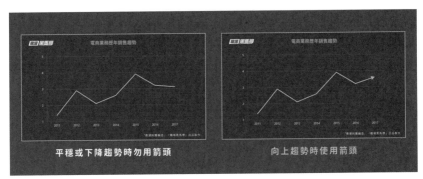

圖 18-8

06・更改 Y 軸起始點數據

（1）當數據表現優異時

透過調高 Y 軸起始點數據，可以凸顯和其他對比數據之間的差距，從而突出亮點，如下（圖 18-9）。

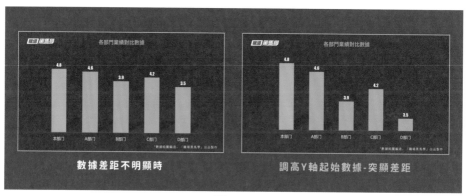

圖 18-9

（2）當數據表現不佳時

透過降低 Y 軸起始點數據，可以縮小和其他對比數據之間的差距，從而達到弱化劣勢的效果，如下（圖 18-10）：

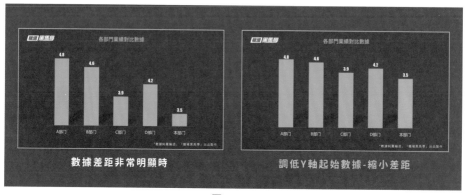

圖 18-10

07 · 結合表格進行可視化改造

當資訊量特別多時，我們不得不使用表格來羅列數據。比如現在想知道空氣清淨機的外觀對消費者做購買決策的影響程度，因此設計了一套市場調查問卷《消費者購買清淨機最在意的功能 TOP20》（圖 18-11 ）。

空氣清淨機外觀影響性市場調研

消費者做空氣清淨機購買決策時最在意的功能TOP20

降序	功能	占比	降序	功能	占比
1	除霾PM2.5	83.6%	11	自動調節風速	31.1%
2	噪音小	80.6%	12	操作簡單	30.8%
3	濾芯使用壽命長	74.4%	13	有電子感測器	30.4%
4	濾芯更換方便	67.3%	14	功率大	29.8%
5	除甲醛	62.7%	15	定時開關功能	29.3%
6	除塵抗過敏	48.1%	16	自動檢測功能	28.5%
7	體積小、不占空間	32.3%	17	加濕	27.4%
8	香氛功能	32.1%	18	外形美觀	27.1%
9	除花粉	31.9%	19	除味	26.1%
10	省電環保	31.6%	20	可以通過手機遠程遙控	8.6%

*數據純屬編造，「職場黑馬學」出品製作

圖 18-11

乍一看數據完善，感覺做了很多功課，但是作為聽取報告的老闆，難免會產生 3 個問題：

①這份調查的人群是我們的目標用戶嗎？

②調查的取樣基數夠不夠？取樣基數夠大才可信。

③清淨機外觀對消費者的影響程度能否一眼看出？結論到底是什麼？

顯然，這個表格都無法第一時間滿足老闆內心的 3 個疑惑。因此我們可以將關鍵資訊和結論提煉出來進行分欄展示，對該表格進行圖表可視化改造如下（圖 18-12 ）：

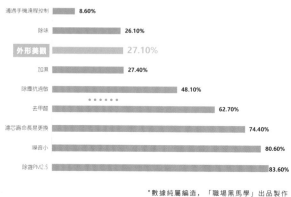

圖 18-12

將調查結論及輔助說明資訊呈列在畫面左側，並將問卷調查的數據結果以「橫條圖」的形式展示在畫面右側。這樣不僅能在第一時間解決老闆的疑惑，還能讓老闆看到你考慮問題的全面性。

08 · 直接對比數據的預期值與實際值

仍然是上述案例，有時為了更直觀地表現數據結論，我們可以刪去其餘不必要的數據因子，直接將預期值與實際值做對比，從而突出數據結論（圖 18-13）。此手法還可以應用在如下情況：

· 市場調查：當實際調查結果與原先預期有較大偏差時。

· 成果展示：當實際成果（業績／利潤等）遠遠超出原定目標時。

· 成本控制：當實際花費的成本低於原先預期的支出時。

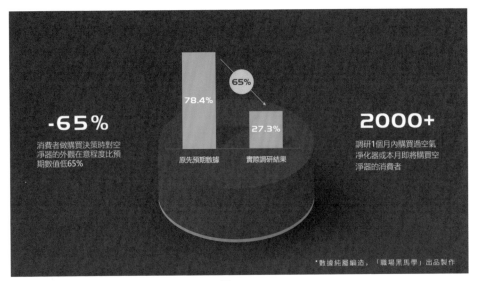

圖 18-13

　　以上和你分享的 8 個數據圖表溝通技巧，方法很容易，但若是缺乏具體情境的演練，到頭來還是無法真正用好圖表。希望你不僅能將圖表設計得美美的，還懂得讓亮點被看見。下次工作匯報時，就拿出專業的數據圖表讓老闆對你刮目相看吧！

19

【企畫提案】
想成為常勝企畫王？
這 3 招助你脫穎而出

如果我有 8 小時的時間砍一棵樹，我會花費前 6 小時磨利自己的斧頭。
——亞伯拉罕・林肯

　　先前的章節中，黑主任分享了各類投影片（模板製作、公司介紹、團隊介紹、LOGO 集合頁、發展歷程等）的製作方法論，這些都是在具體情境下的碎片化應用技巧。

　　學習這些技能的最終目的只有一個，那就是幫助我們做出讓老闆讚歎、讓客戶滿意的企畫提案簡報。

　　許多職場人會需要用 PPT 進行提案。特別是行銷圈和廣告圈的朋友，不僅要和外部對手爭奪案子，也要和公司內部的部門一較高下。而在提案時，若看到比稿對手得到認可和讚賞，難免心有不甘，甚至可能會心生怨氣，認為自己的 IDEA 明明更好，對手只不過是 PPT 做得比較好看罷了。

　　但其實，將企畫提案的核心歸於 PPT 設計，是一個非常粗淺和片面的認知。企畫提案要想做得卓越，不僅是 PPT 技巧的問題，**關鍵在於是否具有打動人心的內核邏輯**。

　　什麼樣邏輯才有令人信服的魔力，能幫我們在一次次比稿中脫穎而出？

在本篇中，黑主任會分享多個真實的商業案例，助你掌握「企畫王」的常勝秘訣。

01．不要只會列待辦事項，要找到關鍵問題並提出解決方案

（1）你所謂的提案，可能只是一份代辦事項清單

多數職場人的企畫提案，最大的問題就是「沒有解決任何問題」。

黑主任的朋友 B 有豐富的電商平台（天貓／京東）營運經驗，前幾年開始自己創業幫品牌甲方操盤。當時我剛好有認識的品牌在找電商代運營服務商，於是就順勢轉介紹給了 B，一開始我對他能拿下該客戶深信不疑。

後來有一天，品牌方告知我合作吹了，雖說 B 的公司剛成立，但本人經驗豐富、收費也不貴，我非常訝異的同時，也很好奇問題出在哪？

後來品牌方告訴我：「在提案前，我們有事前溝通過，目前公司面臨的最大難題，是天貓老客戶的復購轉化率持續下降，面對下滑的頹勢我們一籌莫展，所以才想請外部專家出手。但 B 在提案時，卻列了一堆看起來很時髦、但和關鍵議題不相關的行銷詞彙和計畫（圖 19-1），一直在秀資源，令老闆覺得此人的企畫不可靠。」

圖 19-1

品牌方老闆只想知道一件事：「如何有效提升天貓店內的復購轉化率？最關鍵的問題是如何提升老客戶的忠誠度？」在此前提下，B 卻提出了「全渠道整合行銷方案」，而該方案中所謂的時髦行銷企畫（SNS、KOL 種草、短影片）也沒有解決最核心的問題，如此一來既打不到客戶的痛點，又落得了一個不靠譜的印象，導致案子飛走了。

B 所犯的錯誤，正是非常典型的提案敗筆。**很多提案失敗的原因，就在於只是將大家都在做、我們還沒做的事羅列了一遍，僅此而已。**

針對目標受眾在意的某個特定問題，給出具有指導性的建議和解決方案，是一份提案簡報的基本邏輯，也是我們的立足點。你連老闆、客戶在意的問題都解決不了，那做這份簡報到底有何意義呢？

（2）當我們在談企畫提案時，其實談的是解決方案

當客戶、老闆要你提交企畫提案時，其實是希望你能提出解決方案。進一步說，就是透過設計一系列的關鍵行動來解決關鍵問題。而許多企畫提案之所以不成功，正是因為他並沒有針對特定問題提出解決方案，甚至連問題是什麼都不知道。

在商界以小博大的案例中，「哈勒爾智勝寶潔」的故事堪稱經典。

哈勒爾是美國一家銷售噴式清潔劑的公司，雖然規模不大，但由於市場細分策略得當（噴式清潔劑市場不大）和產品專賣權優勢，在美國占有該市場50% 的份額。

而大公司寶潔（家用產品之王）突然看中了這塊市場，並推出了自己的清潔劑產品。任何一家公司都不會希望遇上寶潔這樣強大的對手，更何況哈勒爾只是一家小公司？在此嚴峻形式下，哈勒爾內部對未來何去何從也展開了激烈討論。

如果此時你也是哈勒爾內部的一員，你會提出什麼方案來解決目前面臨的困境？或許有人會提出「正面競爭」的方案，比如透過增加銷售通路、投放廣告和打價格戰等，這些方法在如今也經常被人提及，但這些方法也只是把我們

能做的事列了一遍，無法從根本上解決當前面臨的困境。

當時哈勒爾內部經過冷靜分析，他們找到了當前面臨的關鍵挑戰：不是想辦法與寶潔公司正面爭奪清潔劑的銷售份額（因為根本競爭不過），而是如何讓寶潔公司內部對此市場失去興趣進而主動退出。

為了解決這個問題，哈勒爾公司決定玩一招「釜底抽薪」。在寶潔公司進入丹佛市試賣時，哈勒爾公司中斷供貨，取消一切促銷活動，造成噴霧式清潔劑產品供不應求的假象。

這招有效地迷惑了寶潔公司，於是寶潔開始加大生產規模，準備投放全美市場時，哈勒爾卻突然採取「低價傾銷」策略，引導消費者大量購買，使其半年內都不需要再購買清潔劑，造成了寶潔產品在上架後長期滯銷的局面，最終被迫退出市場。

這是一個非常經典的以退為進、以小勝大的商界案例。哈勒爾很清楚自己的優勢是機動靈活和對市場的了解，巧妙地利用了大公司制度的「弊端」（看中數字財報，投入試錯的過程週期長）方能出奇制勝。此戰取勝的關鍵就在於，哈勒爾找到了正確的關鍵問題並提出了解決方案。

（3）只提出解決方案還不夠，要能有效指導工作的開展

儘管很多人已經具備找到關鍵問題並提出解決方案的能力，但在執行面上卻差了臨門一腳的功夫，致使功虧一簣。因此，你所提出的方案還要對其他部門的工作開展具有指導性意見。

這點在「神州專車 APP 案例」上能得到很好的體現。「神州專車」是中國巨頭級別的預約叫車 APP，別看現在風光無限，它在成立初期也遇到了非常棘手的挑戰。

當時神州的主要競爭對手，已經在微信及支付寶上占據了主要流量入口，並且資金充裕，占據了主要市場。與對手相比，神州專車就像一個剛出生的嬰兒般，迫切需要能迅速打開市場的策略。

當時網路盛行的行銷方式，是用「補貼用戶」的方式作為主要邀新手段，即利用價格戰吸引第一批「種子用戶」（初始客群）。

　　儘管貼錢補貼用戶是當時市場上最高效的策略，但神州內部卻非常清醒，純粹靠補貼吸引來的用戶忠誠度低、流失率高，並不滿足作為第一批「種子用戶」的基本要求，而且對手資金雄厚並占盡先機，正面燒錢對決的勝算很低。

　　既然策略層的燒錢打法已經被否定了，那就只能從戰略層的品牌差異化定位來出奇制勝。

　　當時神州的對手主打了一條廣告是「遇見」，其實是暗喻一種乘客與司機之間浪漫的邂逅。但當時預約叫車已經出現了騷擾用戶和暴力案件等社會負面問題，在用戶心中形象不佳，從這個角度來講，「安全」就是一個痛點。

　　神州將「安全」放大作為品牌差異化的定位，打出「除了安全，什麼都不會發生」的口號，而且這並不是一句空泛的口號，它能有方向性地指導各部門人員開展工作：

　　①企畫部門：以「安全」為核心構思，協同線上線下各通路傳播，號召消費者選擇安全的專車，而不是便宜但危險的黑車。

　　②文案部門：將「安全」作為公司各個通路和活動文宣的主軸，設計了一系列強化定位的文案，如：「我怕黑專車」「穿得危險，不代表我想遇上危險」和「我們不約」等。

　　③產品部門：圍繞「安全」定位打造系列產品，如推出了夜間專車、婦女專車、無霾專車等，廣受消費者好評。

　　④市場及公關部門：圍繞「安全」策畫一系列情境行銷 Campaign，並利用傳統平面媒體與網路自媒體進行鋪天蓋地的宣傳，在消費者心目中建立起鮮明的認知。

　　以上工作和部門就非常統一，都是為了吸引注重安全的中高端乘客。截止至 2017 年，透過這樣的差異化定位的打法，神州專車 APP 已經成功吸引了3500 萬用戶，註冊並占據中國中高端出行市場的 70%，可謂是大獲全勝。

　　回到簡報邏輯上來，我們簡報的根本目的，不就是為了說服老闆或客戶，從而拿到資源去解決問題嗎？

（4）優秀企畫提案的 3 大標準

從上述 3 個案例中，我們不難分析得出，一份卓越的企畫提案，需具備以下 3 個標準：

①提及待解決的關鍵問題是什麼？
②圍繞關鍵問題提出問題解決方案。
③有效指導相關部門／人員開展工作。

02．掌握「提案 10 問攻心法」，　助你脫穎而出

儘管我們已經知道如何做出一份優秀的企畫提案，但這並不意味著我們就能一路高歌猛進，每次都能擊敗對手拿下案子。提案比稿的過程，其實就是一個複雜的、動態的策略性競爭過程，在此過程中，**PPT 同時扮演著溝通者、競爭者和收割者這 3 個重要角色**：

（1）對於客戶而言

你的提案扮演著溝通者的角色，溝通力起到了很大的作用。客戶需要透過提案來評估你的想法，以及你背後公司的各項優勢實力是否符合他們的期望與需求？如果你重點突出的公司優勢並不是他們所期望的，那麼就算你說得天花亂墜，也起不了加分作用。

（2）對於對手而言

你的提案扮演著競爭者的角色，要求我們去思考如何強化自身公司的優勢，弱化對手的優點？當面臨對手的打壓時如何巧妙反擊？甚至有沒有可能將對手的優勢轉變為弱勢？這非常考驗提案者的水準。

（3）對於公司而言

你的提案扮演著收割者的角色，儘管順利拿下訂單至關重要，但也要注意節奏的把握。我們要根據對方公司的現狀判斷，是爭取當下得標簽約？還是先保持觀望態度，為未來合作埋下伏筆？

要想提升提案成功率，需要我們盡可能去搜集關鍵資訊，並根據現狀靈活的採取提案策略，我自己總結歸納了一份「提案 10 問攻心法」。

有公司邀請我協助其進行提案時，我都會先把下方的問題發給他們，讓他們先進行思考，在寫下答案之後，我才會開始製作提案 PPT。

「提案 10 問攻心法」有助於我們進行全盤地思考，並有策略性的贏下客戶。千萬不要因為嫌麻煩而懶於思考，事前有無經過縝密的思考分析，帶來的結果是天壤之別的。

問題	答案
①你提案的核心主題是什麼？	
②客戶評標人員的情況如何？	人數： 職級： 專業水平： 知識構成：
③客戶的現狀痛點與核心需求是什麼？	現狀痛點： 核心需求：
④客戶最想解決的 3 個痛點問題是什麼？	1. 2. 3.
⑤客戶對我們的提案產生不信任的 3 個可能原因是？	1. 2. 3.
⑥如何避免客戶產生不信任因素？	不信任原因 1： 不信任原因 2： 不信任原因 3：
⑦與競爭對手相比，有哪些優勢更容易獲得客戶青睞？	
⑧與競爭對手的優勢相比，我們有哪些對手不具備的優勢可以揚長避短？	
⑨你覺得聽完你的提案後，客戶會產生哪些問題？	
⑩你覺得聽完你的提案後，客戶會記住你的 3 點是？	1. 2. 3.

03 · 試著用說故事的方式，
　　讓你的提案更具想像力

　　優秀的提案者，往往都是故事高手，他們善於透過描繪願景，勾起人們的想像力，從而激發人們的興趣與信心。如果你的提案只是具備解決問題的想法，卻無法幫對方在腦海中勾勒出完美的未來，那麼這份簡報就不夠好。

　　試著將你的企畫提案用說故事的方式表現出來吧，讓對方「看到」你所描繪的藍圖」。雖然想像力看不見也摸不著，但它就像一隻看不見的手，不斷地推進著人類商業進程的發展，激勵著無數創業者們去開創想像中的商業國度。

　　同時，它也讓投資人願意花費大筆資金與精力去扶持一些未來可期的創業項目，讓消費者們為了想像中的美好未來，掏出口袋裡的錢去購買某種商品。

　　在本篇的最後，黑主任要和你分享一個關於想像力的有趣案例。理查德·布蘭森是英國最具有傳奇色彩的億萬富翁，以特立獨行著稱。在他的自傳《我就是風口中》提到了這樣一個故事：

　　1986 年 4 月 1 日，《音樂周刊》採訪我的文章裡披露了我們正在秘密研究「音樂盒子」，這是一個將全世界所有音樂保存起來，並且允許用戶支付很少的費用就可以任意下載的服務。

　　這篇報道的標題是《布蘭森的爆炸性新聞》，裡面提到在英國有 4 個巨大的電腦儲存著全世界所有的音樂，它們「將把音樂產業推向末路」。在最高機密的地點（我不能透露具體消息，是因為擔心競爭對手的陰謀），科學家們正在研發這項技術。那天下午，我的電話都快被打爆了，緊張無比的唱片公司首席執行官們紛紛打電話，請求我放棄這個計畫。半天後，我們宣布這是愚人節的整人新聞，他們這才終於放下了心。

　　而正是這一篇整人新聞，給了某位時代天才創意靈感。在愚人節新聞風波過去後 15 年，這位天才將科技與他的想像力相結合，最終造就了一款跨時代的產品——iPod（圖 19-2）。

圖 19-2

　　至此，黑主任已經將我所知的「常勝企畫王」致勝秘訣全都寫下來了。或許你會感到奇怪，本篇都在講故事說方法，完全沒有提到該怎麼用 PPT 製作企畫提案。

　　沒錯，PPT 只是一個表達思想和創意的工具。如果使用者自身缺乏了好內容、好想法、好邏輯，那麼工具再好也於事無補。只有當你掌握了提案的正確心法，並讓自己擁有不斷進步的可能，才能在提案時立於不敗之地。

20

【企畫提案】
行銷企畫 PPT 怎麼做？
「NG 電商簡報」大變身

只有當真正的機會來臨，而自己沒有能力把握時，才會覺悟自己平時沒有
準備是浪費了時間。——羅曼・羅蘭

　　「沒有人願意透過你醜陋的 PPT，發現你牛逼的創意。」這句曾經刷爆了
網路的經典語錄給了我極大的衝擊。

　　沒錯，PPT 雖然是個表達創意的工具，但它同時也是你思想的放大器，對
於很有想法的提案者而言，令他們煩惱的並不是缺少好內容，而是如何讓好內
容看起來更好。

　　網路上有許多 PPT 大神無私分享著簡報設計的精髓，令廣大的 PPT 愛好
者和職場人（也包括我自己）受益匪淺。我深知用自己設計出來的精美 PPT 來
完整表達所思所想並收獲認可，是一件多麼有成就感的事，也知道這樣能幫助
一個人快速收獲自信。

　　我一直想將這份充滿自豪的感受傳遞出去，於是一直在思考，除了直接分
享創意案例和設計技巧外，有沒有一種方法能更直觀地幫助到各行各業的職場
人？我想到的解決方案，就是「基於情境演練的 NG 版簡報改造」。

　　2018 年 2 月，我在粉專「職場黑馬學」上推出了自己第一篇簡報改版文章

〈行銷企畫 PPT 怎麼做？我把「網上沃爾瑪」的電商簡報給改了〉，沒想到一推出就大受好評並廣爲流傳，即使到了在撰寫本書的此刻（2020 年 3 月），仍有因看到了這篇文章而跑來關注我的新讀者（每篇改版文章的最後，我都留下了獨一無二的改版成品索取關鍵字，以此判斷新粉絲是看到哪篇文章來關注我的）。

　　正因爲第一篇文章的成績，才激勵著我推出一篇又一篇改版文章。至今已撰寫了 13 篇，涵蓋了電商、車展、教育、科技、房產、中西醫藥、紅酒等產業，但在我心中最具有特殊地位的，還是第一篇電商簡報改版，於是我將這篇文章放入本書中與大家見面。

　　＊修改的 NG 版範例主要來自「網路」及「行銷圈」好友分享，當然也歡迎你私訊「職場黑馬學」FB 粉專進行投稿，我會選取其中 5 ～ 6 頁進行美化修改。

01 · 剖析問題點，確定改版主軸

以下是我節選的電商活動策畫 PPT 原稿（圖 20-1）。

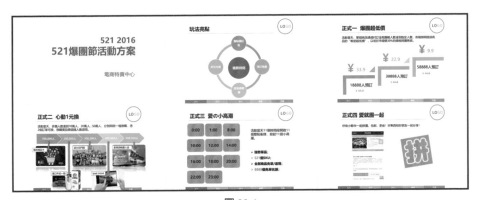

圖 20-1

　　從整體上看，存在著 4 個主要問題點：

　　①不難發現此簡報原採用 4:3 的尺寸，後來自己調整成 16:9，因此導致畫面左右兩側內容空缺。

　　②沒有一致的主視覺，整體頁面配色方案混亂。

③圖片、素材、文案的搭配和排版較亂，不利於要點吸收。

④該簡報是用於演講招商的，但卻做成了閱讀型 PPT，視覺表現力不足。

確定了主要問題點後就能對症下藥，主要改版方向有 2 個：

①確立簡報的主視覺，確保配色、設計、排版的一致性。

②強調演講 PPT 類型，提煉文案、精簡內容，利於聽眾聚焦注意力。

02‧確立視覺主軸，用 LOGO 確定配色方案

企業用 PPT 簡報的配色方案，最常見的就是從 LOGO 取色，我們可以使用「顏色選擇工具」進行取色（圖 20-2）。

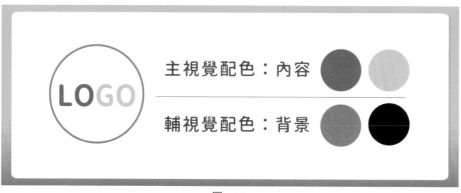

圖 20-2

　　本次 PPT 改版，我決定以藍／黃作為主視覺配色，紅／黑作為背景輔助顏色。這一步非常重要，在製作前確定主要和輔助的配色方案，不但有利於提升整體 PPT 設計感的一致性和協調性，也能提升後期製作效率。

　　或許有人會感到疑惑，為什麼不選紅／黑作為主配色方案？這不是經典配色嗎？其實並沒有特殊理由，當同時有多種配色方案供你選擇時，就依照你的設計直覺來選就對了。主視覺確定好後，就可以正式開始一張張地進行分析和美化改版了。

03．用邏輯思考策畫你的簡報，用視覺美感呈現你的創意

【Page One】原稿（圖 20-3）思考 ING

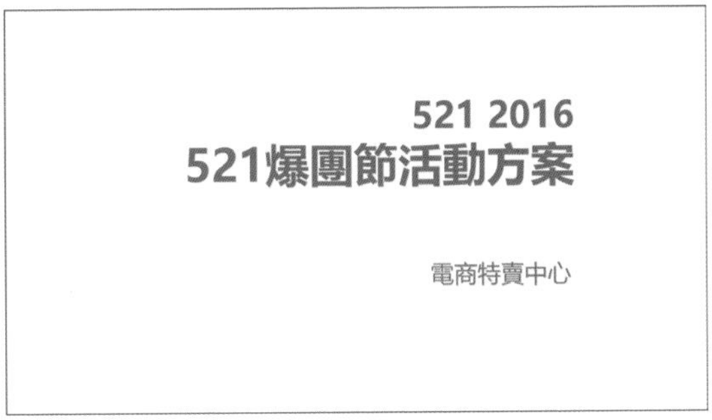
521 2016
521爆團節活動方案
電商特賣中心

圖 20-3

①原稿是典型的高橋流風格，簡約清新卻缺乏了視覺衝擊力，無法在第一時間聚焦觀眾的注意力。考慮到招商演講場地的規模不會太小，為提升現場視覺上的舒適度，背景設計以暗色為主。

②電商造節的根本目的，是爲了打出品牌符號和自己的市場節奏（如天貓雙 11、京東 618）進而影響消費者，因此本次封面可重點突出「5.21」。

③封面的配色方案即簡報正文的主配色，採用藍色與黃色進行封面設計。

改版成品（圖 20-4）

5.21
爆團節活動方案
—電商特賣中心

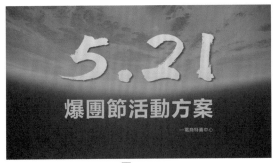

圖 20-4

【Page Two】原稿（圖 20-5）思考 ING

圖 20-5

①4 個亮點的排版方式並無法體現其中的閉環關係，反而令內容焦點模糊不清，可以考慮改以並列遞進的方式呈現。

②在圓形圖案中直接編輯的文案無法很好的對齊，可以刪除圖案，在文字旁添加對應的圖標輔助展示。

③單一頁面中出現 9 種顏色，且多數顏色飽和度過高，觀眾在現場根本看不清楚。

改版成品（圖 20-6）

圖 20-6

人的閱讀習慣是自左向右的，改版後的成品是不是看起來舒適許多？這樣也能更好地傳遞邏輯關係。

【Page Three】原稿（圖 20-7）思考 ING

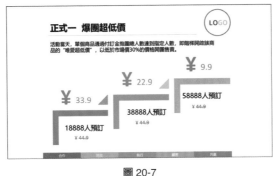

圖 20-7

①內容過多。在演講時，觀眾注意力會只放在 PPT 的內容文字上。

②排版上雖然想體現階梯式折扣的邏輯，但產品價格與參團人數應該是反比關係，不符邏輯。

改版成品（圖 20-8）

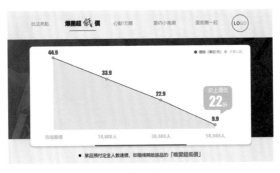

圖 20-8

用遞減的區域圖呈現價格直降的力度，並添加醒目標註表現玩法亮點。

【Page Four】原稿（圖 20-9）思考 ING

圖 20-9

①本頁主要的問題在於圖片素材的使用和搭配顯得混亂。
②文案部分我們同樣可以進行刪減，進行內容的提煉。

改版成品（圖 20-10）

圖 20-10

　　蜂巢組織排版顯得規則有序，找不到風格相符的圖片素材，最好的方式就是改用圖標替代，同樣可以豐富頁面的內容類型，顯得豐滿而舒適。

【Page Five】原稿（圖 20-11）思考 ING

圖 20-11

①標題叫「愛的小高潮」耶！畫面中怎麼可以沒有心跳的感覺？

②重點在於全天的整點衝鋒玩法，而不是 11 個時段的具體時間，所以 11 個時段沒必要全都露出。

改版成品（圖 20-12）

圖 20-12

用了個夜店高潮的圖片當背景，並增加了愛心與心電圖元素，使得活動意境得到了很好的傳達。

【Page Six】原稿（圖 20-13）思考 ING

圖 20-13

①老實說，這頁的內容更像是 slogan，並沒有具體的玩法說明。硬要說的話，就只是邀請好友的社交分享功能了。

②邀請好友參團的社交分享功能非常普遍，稱不上是亮點玩法，且單張截圖和一個大大的「拼」字擺在一起，顯得過於單調。

改版成品（圖 20-14）

圖 20-14

本頁的設計亮點在於背景圖。背景圖其實是兩張圖片的特效融合，融合後的圖片傳達出邀請好友一起拼團購物的情境。融合的效果可使用 PPT 外掛軟體「OK 插件」的「圖片混合」功能實現。

　　以上就是本次修改的全部內容。最後放上整體圖的對比（圖 20-15）：

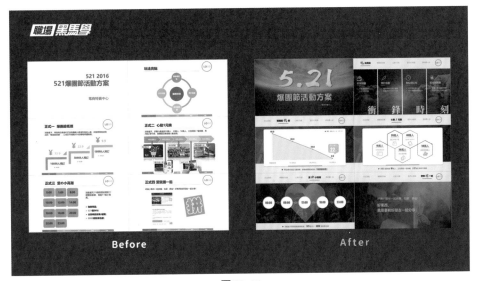

圖 20-15

　　本次改版作品的原檔案，你都可以在隨書附贈的模板大禮包中找到，歡迎下載研究。若你對改版系列的其他文章感興趣，可以在「職場黑馬學」粉絲專頁中找到歷史文章記錄。

　　雖說 PPT 設計並不簡單，但也真的難不到哪裡去（一些超出 PPT 範疇的簡報設計另當別論），只要我們肯在 PPT 設計上多花費一點時間鑽研，定能成為提案時的一大助力，千萬不要贏在了最難的內容部分，卻輸在了最簡單的設計上。

21

【持續成長】
行銷人如何有系統地「強化簡報邏輯」與「打造知識體系」？

種一棵樹，最好的時間是十年前，其次是現在。

黑主任一直在提倡一個觀點：要想做出真正精采的簡報，只研究 PPT 技巧是遠遠不夠的，**還需跳脫軟體的侷限，將目光放在提升自己的「知識儲備」與「邏輯強化」上**。

尤其是對從事行銷創意相關工作的職場人而言，在滿足了對 PPT 美感的基本要求外，我們更應思考的，是如何讓別人聽完簡報後，產生「充滿洞見」「深受啓發」和「字字珠璣」的感受。

PPT 的美感代表了你的形象，而透過 PPT 傳遞出的內涵邏輯，是屬於你個人的亮點。如果你期待黑主任接下來會介紹你一份「速成的邏輯公式」或是「懶人包」，那麼你可能要失望了。

我接觸過許多在演講、提案、談判等重要場合上談笑風生的總監／經理級人物，他們無一不散發出令人著迷的「黑洞魅力」，充滿自信的言語引導著會議結果走向，清晰的邏輯令夥伴與對手折服。

非常巧合的一點是，當我向他們請教「新人要做哪些努力才能達到你的水準？」時，沒有一人是講套路、講公式、給書單……他們給出的答案出奇地一

致：「習慣性地鍛鍊邏輯思考」與「注重知識體系的打造」。

什麼意思？我又該如何做才能鍛鍊邏輯和增加知識儲備量？別急，當我們對自身成長有迫切渴望時，千萬不要盲目套用他人的經驗方法，而是需要先判斷自身的情況，選擇最適合自己的成長方式。

黑主任將一個人的成長過程總結為以下 4 個階段：

【1.0】因資訊匱乏而努力追求價值訊息的階段
【2.0】為傳遞思想而進行鍛鍊邏輯思考的階段
【3.0】因訊息爆炸而開始構建知識體系的階段
【4.0】為自我升華而進行挑戰批判過去的階段

在閱讀本文的你，需要做的是先判斷自己處於何種階段，明確自己在當前階段該做什麼，又不該做什麼。

我建議先粗略地通讀本篇一遍，找到能讓你有共鳴的內容（通常而言，這正代表了你當前所處的階段），之後再把這部分內容細細品讀，從中提煉出適合自己的方法進行練習。

透過不斷的練習、幫助自己度過了這一階段成長的陣痛期後，接下來的這段時間你會感覺非常良好、充滿自信。直到你遇到下一成長階段的瓶頸時，再翻開本篇找到突破瓶頸的方法。

本篇內容的價值，並不是讓人讀完後來一句「哦！原來如此！」然後就沒有然後了，而是希望下文中我所分享的，能幫助你在未來很長一段的時間內實現自我的持續成長。

【1.0】因資訊匱乏努力追求價值訊息的階段

位於 1.0 階段的行銷新人，由於缺乏高價值的信息源，因此非常熱切追求搜集各類行銷案例、數據報告和名人觀點。網路時代的特點相信大家也很清楚，像是資訊不對稱、信息碎片化，甚至自媒體的低門檻化，都將導致你接觸

到的內容很可能過時、不系統的，甚至是不正確的。

　　相信很多人都曾經收藏過網路流傳出的各類知識清單，例如《行銷大師的 1001 句行銷洞見》《行銷人不得不看的 88 本商業書》《吐血整理！2019 最精采的 500 個商業案例》等。這類資料初見時很激動，但見多了容易令人感到麻木，常常是拿到手時看幾眼後，就放在硬盤裡積灰塵。

　　探究其中的根本原因，在於這些內容到你手上時，很可能已經非常過時了。而且要在短時間內攻克龐大的資料包，對誰而言都不是一件容易的事，很容易半途而廢。

　　要想消除資訊不對稱，隨時接收第一手的資訊，就要確保自己所關注的信息源具有「前瞻性」，以下將和你分享我個人經常看的「網路資料庫」：

（1）艾瑞咨詢

中國大數據時代下領先的網路與消費者洞察公司，可以掃描右方 QR CODE 登入官網，或是用 Wechat 關注微信 ID：iresearch-，每當有最新的報告出爐時會及時提示。

　　· 推薦理由

①報告覆蓋各行各業，有最新最全的市場與消費者洞察觀點，能獲取完整且可信任的數據。平均每週產出 4~5 篇研究報告，更新頻率高。

②艾瑞有強大且專業的數據採集及分析團隊，透過對報告的學習吸收能掌握數據在 PPT 中的運用技巧。

　　· 學習須知

①艾瑞都是閱讀型 PPT，萬不可將其作為演講型 PPT 的範本來參考。

②每一份報告的資訊量非常大，不可能在短時間內完整吸收。學習艾瑞的重點在於「歸納整理」。每週選出你最喜歡的一份報告，來認真研究其背後的策畫與商業邏輯，其餘報告可大概看過後進行分類收藏，未來有需要使用相關行業數據時直接調用。

（2）企鵝智庫

騰訊旗下網路產業趨勢研究、案例與數據分析專業機構，可以掃描右方 QR CODE 登入官網，或是用 Wechat 關注微信 ID：BizNext，每當有最新的報告出爐時會及時提示。

· 推薦理由

①利用騰訊大數據，對最新的風口、案例有精闢解讀，對行銷人來說更利於將觀點快速用於商業實戰中。

②報告風格年輕活潑、扁平化的設計對簡報設計有很好的借鑑意義。

（3）其他商業案例與行銷洞見資料庫

名稱	推薦理由	獲取方式
奧美 Ogilvy	奧美的名聲相信不用我多介紹了，這裡有奧美整理出的優秀商業案例，利於吸收奧美先進的行銷傳播理念。	微信公眾號 ID：ogilvymather
SocialBeta	將世界精采廣告案例收入口袋，很容易激發我們的行銷創意靈感。	官網：http://socialbeta.com/
虎嗅 APP	富有深度的商業案例解讀，值得細細品讀。	微信公眾號 ID：huxiu_com
CMO 訓練營	基於 CMO 視角的行銷洞見分享。	微信公眾號 ID：CMOxunlianying
科特勒行銷戰略	戰略層的內容分享，相信會打開你全新的視野。	微信公眾號 ID：kmg1981

以上就是黑主任對處在 1.0 階段的行銷人提出的高價值信息源，涵蓋了行業數據、品牌案例、行銷趨勢和觀點洞見。當然你不需要每天都把上述媒體都看一遍，這樣反而會形成壓力、難以持續。

我更希望你能從中選幾個喜歡的媒體，每天抽空閱讀 1～2 篇文章。閱讀的數量不是重點，而是享受閱讀的過程；將自我提升的閱讀行為變為每日習

慣，而非將其作為每天的例行任務。

　　這條建議的主要目的是避免讓閱讀成為負擔，假如每天吸收新的信息讓你感到厭煩，那就很難堅持下去。

【2.0】為傳遞思想而進行鍛鍊邏輯思考的階段

　　位於 2.0 階段的行銷人已經擺脫了信息匱乏的枷鎖，掌握了一定的行銷知識和數據資料，但這一階段擺在我們面前的難題，是如何在簡報時能第一時間吸引到觀眾的注意力，並將我們的思考邏輯有效地傳遞給對方。

（1）用「提案攻心法」小試牛刀，
　　　改變想法就能讓觀眾目不轉睛！

　　在本書 P.191 頁，我曾和你分享了能有效聚攏聽眾思緒的「提案 10 問攻心法」。在這裡，我們使用「簡易版攻心法」來小試牛刀：

　　A 公司研發出了一款最新型的機能服飾，現在需要你製作一份演講型簡報在產品發布會上介紹新產品進而說服通路商進貨販售。

　　· 傳統的製作想法

　　①按常規，第一部分是公司介紹。

　　②接著再介紹公司的最新產品——機能服飾（研發成果、優點特性、試用者評測等）。

　　③最後公布招商政策，期望刺激通路商下訂單。

　　· 問題點分析：

　　①人的注意力最多只能持續集中 15 分鐘，最精華的時段可不是來聽公司介紹的。

　　②通路商最想了解的是公司新產品的市場前景，從而評估能為他帶來的利潤和市占率。

　　③一款新產品能否被市場認可，需要接受消費者的考驗。即使我是個對新

產品感興趣的通路商，在對市場的判斷還未明朗前，我大概會採取靜觀其變的策略。我可能會想，如果這個新產品在市場上真的銷量不錯，那到時我再進貨也不遲，何必急於這一時？

· 用「提案攻心法」改變想法

現在，讓我們使用簡易版的「提案攻心法」來重新梳理製作想法：

問題	答案
本次的聽眾是誰？	60% 為一直持續合作的通路商； 25% 為先前有短暫合作的通路商； 15% 為新開發的通路商，期望在本次達成合作；
聽簡報的目的是什麼？	了解機能服飾的市場數據進行參考； 了解這款產品能為他們帶來的利益； 了解品牌商能為其提供的行銷支援； 部分通路商想吸引更多新生代年輕族群成為客戶；
聽眾的專業性程度？	對服飾非常專業，因此對於機能服飾的介紹不需太多，可在事後提供詳細的產品說明文件；
這份簡報的目的是什麼？	讓高意向通路商直接簽單成為合作方； 拉攏部分持觀望態度的供應商成為試售點； 讓抱有其它想法（進他牌低價品）的通路商明白我們先發制人的優勢，已在市場上樹立品牌與技術堡壘；
最重要的三個核心議題？	我們的產品如何為通路商帶來龐大的市場利益？ 我們將為本次簽單合作的通路商提供何種行銷支持？ 我們如何應對後來者發起的市場競爭？從而有效保護通路商的利益？

　　透過表格思考，我們能很快整理出本次簡報的策畫方向和重點，簡報大綱如下：

　　①利用數據講故事，塑造市場前景，讓通路商確信「時機已到，機不可失」（激發興趣，抓住注意力）。
　　②接著用嚴謹的邏輯進行沙盤推演，直接用數據推算告訴供應商，今年我們預估能從市場上分到多少份額（建立信任，增加可信度）。
　　③打響市場第一戰，我們已經準備好進行第一波市場造勢，並告訴通路商現在簽單就能獲得本次行銷資源上的支持（刺激簽單意願）。
　　④如何應對後來者的競爭？說明市場上他牌競爭者蠢蠢欲動，但我們掌握了專利、先發、背書等不可動搖的優勢（增加通路商市場信心）。
　　⑤公布招商政策：一是對高意向通路商的直接簽單方案；二是對持觀望態度的通路商給出的試販方案（最後收割成果）。

　　以上就是利用「提案攻心法」後重新策劃的簡報方向，如果你就是參與招商會的通路商，是不是第二種簡報會更激發你的興趣呢？想要聽眾專注不分心，就要站在對方的角度上去策劃和演繹，而非自己想講什麼就講什麼。

（2）學習更多的輔助思考工具

　　想要表達多元化的思想創意，這就要求我們要掌握更多的輔助表達模型和商業思考工具。以下是黑主任推薦學習的思考工具，在 Google 中都可以找到大量參考資料，在本文中就不多做贅述了：

　　‧5W2H 分析法
　　‧PDCA 專案管理
　　‧AIDMA 模型
　　‧SCQA 模型

商業邏輯輔助用思考工具：

‧3C 分析法 (Customer ／ Competition ／ Corporation)
‧4P 理論 (Product ／ Price ／ Place ／ Promotion)
‧4C 理論 (Consumer ／ Cost ／ Convenience ／ Communication)

【3.0】因訊息爆炸而開始構建知識體系的階段

位於 3.0 階段的行銷人已經可以稱之為「老鳥」了，這一階段的你，面臨的困擾與 1.0 階段正好相反——**圍繞在你身邊的價值訊息源不是太少，而是太多了。**

長期下來每天吸收、學習新知識及新信息讓你開始覺得疲勞乏味，甚至感到茫然。以往透過學習獲得的快樂，逐漸被麻木感取代。這不僅是因為人的精力是有限的，更因為在每天大量接觸的內容重複性高（換湯不換藥），甚至互相衝突（每個人都有自己的見解），那麼如何解決由訊息爆炸帶來的「酷刑困境」呢？唯一的解決方案是構建自己的知識體系：

（1）建立知識之間的聯繫，用習得的理論去解釋現實中的現象

這是我在年僅 26 歲就當上百度副總裁的「李叫獸」的文章中看到的方法。當時的我，正處於 3.0 階段的困境中。而實踐了此方法一段時間後，發現不僅消除了因過多訊息帶來的混亂，還幫助我「鍛鍊了運用知識的肌肉」，極力推薦你也試試看：

‧舉例

當我學到一個新知識點：企業發展的 4 個階段中，有一個階段叫做「技術與產品服務驅動的階段」。這是什麼意思呢？處於此階段的企業品牌就等於所賣的技術、產品或服務。大家之所以選擇你的品牌，主要是為了購買功能，而不是因為大家喜歡你。

這時的企業特徵是：無論你的用戶規模有多大，其實都在為生存問題擔

憂，用戶的忠誠度有限，品牌溢價能力也很低。

・思考

看到這裡我就會停下來進行思考，我身邊有哪些這類型的品牌？

最典型的是修圖軟體品牌：大家使用修圖 APP，主要是為了功能而不是因為喜歡你的品牌。只要有一個新 APP 帶著新功能問世，就會吸引大量用戶下載使用（比如 faceu 的「全民吐彩虹貼紙，短短 7 天就在中國拉了 1000 萬新用戶。還有專拍食物的 foodie 和借勢《你的名字》造成風潮的電影風同款濾鏡 APP 等）。

造成台灣「安屎之亂」的衛生紙企業也在此列，消費者要的是能滿足擦屁股的核心需求，對於品牌的關注度反倒沒那麼強烈。

我甚至還會反向思考，有哪些品牌不在此列？比如 LV，消費者買的是一種身分認同與象徵，而非裝物體的容器。所以即使其他品牌出了新穎、價格低廉的包包，也搶不走 LV 的核心用戶群。

就像上述演示，我通常會正向與反向的舉例 2 ～ 3 個現象來解釋這個理論。雖然比較消耗時間與腦力，但透過深層的思考，你能將習得的理論徹底化為自己的知識，同時還能鍛鍊舉一反三的思考反應能力。

（2）如果是我怎麼做會更好？在腦海中玩一場角色扮演遊戲

日本著名的管理學家、經濟評論家大前研一曾經在《思考的技術》一書中提到一種非常有趣的思考鍛鍊方法。

他每天上班通勤時不發呆、不看風景，而是注意公車上的廣告海報，然後假想自己如果是這家企業的社長，「我怎麼做會做得比他更好？」

得益於長期進行此鍛鍊帶來的思考敏捷性提升，當來自各行各業的公司老闆找大前研一諮詢商業問題時，他總能在第一時間洞察該公司面臨的問題本質，並提出核心解決方案，從而成功打響了自己的名號。即使大前研一的收費非常昂貴，但想請他為公司診斷的大老闆們仍會乖乖拿著錢排隊。

・舉例

這種行為模式並不需要特定的條件，發生在生活周遭的一切都可以成為假想的主題。

比如我每每從上海回台灣，總是免不了要去夜市解解嘴饞。當我第一次在夜市吃到一種名為「雞翅包飯」的小吃時，覺得這真是一道富有創意的美味小吃，接著我就會設想「如果我想在上海做雞翅包飯生意，那要如何迅速打響知名度、並創造大額營收？」然後繼續深入下去，思考更全面的問題：

我的品牌定位為何？目標 TA 是學生還是白領？如果是白領我應該主打正餐還是點心（根據不同方針會制定不同的產品策略）？我的商業模式為何？有哪些外送平台能為我導流？老客戶如何維護？如何打造自己的特色並進行宣傳推廣？如何讓消費者產生口碑效應，自動在社交網路（朋友圈）上為我打廣告？甚至如果投放網路廣告我的 ROI 目標是多少……

可能有人會不屑地說：「你這純粹是白日夢嘛！」

沒錯，雖說這個方法天馬行空，但在假想的過程中，大腦會充分調動過往所累積的經驗和知識，進而讓它們在這個情境中產生鏈接。長久以往你會發現，不光是思考反應更加靈敏了，所學的知識才會真正為你所用。

（3）嘗試探究事物背後的原因，
所得到的答案終有一天將為你所用

由於華人社會長期以來照本宣科的教育模式，使得大多數人都只滿足於表層的現象和既定的答案，在周遭的人停止了思考時，我們更應該學會積極探索事物背後的邏輯原因。

・舉例

2017 年，名為「旅行青蛙」的遊戲紅極一時，成功在世界各地掀起了一股「養蛙潮」。當周遭的朋友都在沉迷於養蛙帶來的樂趣時，身為行銷人的你，難道就不為旅行青蛙爆紅背後的原因感興趣嗎？為何之前有那麼多遊戲，卻都僅止於某幾個圈子內的傳播討論？從未達到這樣全民老少人人著迷的火熱

程度？

　　微信公眾號「萬能的大叔」就曾經專門寫了一篇文章，嘗試探究旅行青蛙傳播背後的原因，他認為「跨圈層傳播」起到了至關重要的作用。

　　這篇文章條理清晰、一步步抽絲剝繭般地為我們展示遊戲爆紅背後的傳播邏輯。在此推薦各位閱讀《旅行青蛙是如何實現跨圈層刷屏的？》（在瀏覽器中搜尋即可找到）。

　　「萬能的大叔」得出的跨圈層傳播邏輯是：放置類手遊用戶（二次元核心用戶）→二次元普通用戶→泛二次元用戶→年輕女性玩家→更多圈層。

・這有什麼用？

　　用處可大了，如果未來我們想推廣某個提供中高端服務的出遊旅行類APP，我們就能借鑑得出自己的傳播邏輯：重度旅行愛好者（種子用戶）→高頻出差商務人士（增量用戶）→小資白領旅行愛好者（規模用戶）→更多圈層。

　　有了傳播邏輯，我們的 Campaign 策畫、市場拓展、異業合作都有了清晰的方向和目的。像「萬能的大叔」一般熱中於探索事物背後原因的行銷人絕不少見，他們無一不是商場上頗具影響力的佼佼者。

　　最後總結一下在 3.0 階段的行銷人打造知識體系的三個思考鍛鍊方法：

①建立知識之間的聯繫。
②如果是我怎麼做會更好？
③嘗試探究事物背後的原因。

　　除了自己的思考外，黑主任在這裡還舉了其他知名人物的故事和事實論證，就是為了說明一件事：決定你人生高度的並不是掌握知識的多寡，而是思考的高度。

【4.0】為自我升華而進行挑戰批判過去的階段

相信各位在生活中，或多或少都見過這樣一群人：無論是在公開演講場合、還是粉專貼文的評論區底下都異常活躍，熱中於挑戰布道者分享的觀點與知識。這類人往往話中帶酸，有時甚至會公開挑釁，以演講者當做墊腳石來提升自己的曝光度。

黑主任在一場演講上就曾親眼目睹過。當時有間大型網路公司成功策畫了一個 Campaign：不花一分錢就拉新 30 萬粉絲，此專案的負責人進行了一系列公開演講，向大家分享成功經驗和策畫想法，本質上是非常好的，但演講結束後，就有人公開挑釁：「雖說你們號稱不花一毛錢，但是在這個活動中最大的資源就是你們公司的品牌，沒有品牌的號召力不會找到那麼多的合作方和用戶參與，如果是沒錢沒名氣的初創企業，要如何做到不花一分錢拉新 30 萬呢？」

我認為位於 4.0 階段的行銷人真正應該挑戰的是自己，而非他人，有以下 2 個原因：

（1）從沒有所謂的正確答案，
有時候僅僅是高度不同、看待問題的角度不同

比如某公司計畫開發一個售賣產品的 APP，要求專案負責人提出行銷企畫，目標是提高 APP 的下載量及銷售額，那麼專案負責人由於不同的背景和思考方式，所做出的企畫提案可能是完全不同的：

①如果負責人是電商出身：

・「流量為王」的思考，採用的可能是爆款策略。透過競品分析，設計具有價格優勢的引流產品，快狠準地切入市場，並利用低價產品引流高價產品進行關聯銷售，藉此達到提升銷售額的目的。

・在功能開發方面，可能會有類似會員積分、推廣返佣的分銷功能。

・在進行廣告投放時會偏保守，選擇購買轉化率高的優質通路，數據監測會以 GMV 及 ROI 為核心指標。

．在運營方面，會高頻地策畫電商活動（逢節必促、無節造節）以刺激銷售額增長。

②如果負責人是產品經理出身：

．「用戶為王」的思考，極度重視 APP 的用戶體驗，會設計完善的用戶增長體系，注重用戶以老帶新的裂變增長。

．廣告投放方面，除了針對精準 TA 的引流通路外，還會投放許多潛在客群的通路，前期以營造聲量、打出知名度及圈層更多精準用戶為主要目的。

．後期運營時非常注重產品的更新迭代，為了保持在市場上的優勢，會不斷吸收用戶反饋，及時完善並新增 APP 的功能。

．在數據方面負責人會更加重視 MAU、用戶每日留存時間及打開頻率等指標。

③如果負責人是公關或市場行銷出身：

．「定位為王」的思考，前期會投入大量資源進行目標人群、競爭對手的洞察，找準品牌自身的明確定位。

．在市場傳播方面的形式會更加多元化（新媒體、傳統硬廣、直播等）。

．懂得策畫一系列 Campaign，不僅要拉攏新用戶、提升銷售額，更重要的是讓品牌占領消費者心智，爭奪心智資源（即消費者能不能在這個市場領域內第一個想起你）。

現在很多的品牌投資人衡量一間公司的績效，已經不止於財務上的盈利與否，而是有沒有占據某個領域的目標用戶的心智資源。這也解釋了為什麼很多公司一直燒錢，也能不斷獲得大筆的投資，而且發展得還挺好。

綜上舉例，你能武斷地判斷哪位負責人的策略才是正確的嗎？他們的策略可以說都是正確的，帶著不同的經驗、站在不同的角度上看待同樣的問題，你會發現答案不止一個。

（2）時常復盤總結自己的不足。
如果你認為自己已經做到完美，就說明你還有待成長

這是黑主任的親身經歷。大學畢業後，我在第一家任職的公司裡策畫了一場電商活動，從結果來看可謂是非常成功。活動期間在沒有追加任何預算的前提下，提升了一倍以上的銷售額，店鋪轉化率及自然流量也都有大幅提升，操盤的店鋪銷售額直接穩坐當月天貓品類 TOP1 的寶座。

那時我年輕氣盛，總認為自己不多花公司一分錢就能做出這個成績，還挺厲害的。當時甚至有世界 500 強公司的電商主管邀請我為他們的團隊進行內訓，這進一步蒙蔽了我的雙眼，在很長一段時間內，我都將這個活動視為完美的典範。

而後，我有幸進入更高的平台、接觸了許多具有先進思考及理念的大神，在經過長達一年的鍛鍊洗禮後，某天，我突然想起了這個在一年前帶給我「驕傲」的活動。我重新審視這個活動，發現有許多不足和缺陷，甚至犯了非常明顯的錯誤。

比如當時我引以為傲的，是「不追加任何預算」，但從現在看來，這本身就是一個最大的敗筆。既然已經看到各項數據呈現大幅上升，為何不申請加大投入以換取更好的成績？這直接體現出我「缺乏靈活應變機制」及「事前推演不周全」的缺點。

從那以後，我就不斷地在內心提醒自己：**如果你認為自己已經做到了完美，那就說明你還有待成長。**

網路上曾有個引發網民熱議的問題：「為什麼你懂得很多，卻依然過不好這一生？」在最後，黑主任想引用評論區中按讚數最高的回答：「因為你只看不練。」

沒錯，**最重要的原因是缺乏實踐。**如果你想在自己的舞台上發光發熱，就請不要放過任何鍛鍊的機會，養成每日吸收知識和鍛鍊思考的習慣。習慣性的練習比想到的主意本身更為重要，就從此時此刻開始，立刻行動起來吧！

五、創業融資篇

讓商業計畫書
贏在邏輯力

不懂這 7 大商業術語，
難怪別人說你的 BP 不專業

所有的人生來都是創業者。不幸的是，很多人從來沒有得到機會來展示這方面的才能。現在，你們得到了這個機會，那就不要浪費了。── 尤努斯博士

　　BP（BusinessPlan）即「商業計畫書」，是創業者們拜訪投資人時必備的敲門磚。

　　或許未來有一天，你踏上了開創自己事業的道路，會坐在某個咖啡廳，對著電腦苦思冥想，「要給投資人看的 BP 到底該怎麼寫？」

　　如果你希望從本篇中找到完整答案，那麼你可能要失望了。BP 的撰寫不同於普通的企畫提案，它是一個全新的、深不可測的領域，黑主任無法僅僅依靠寥寥幾篇文章的內容就能闡述明白，但仍然盡力在本書中，抽出 3 個篇章來做基礎鋪墊。

　　現在是個全民瘋創業的時代，每個人生來是個創業者，只要你留心觀察，就一定能在生活中發現商機。正如理查德・布蘭森所說：「我們創業的初衷，都是想解決自己在日常生活中發現的問題，並且認為自己能夠解決這個問題。」

　　儘管當你熱血地發現了創業商機，也對自己能「解決這個問題、獲得成功」深信不疑，但你要如何說服投資人：「你是能夠解決這個問題，並且這是

一門很有資本想像空間的生意？」

創業是件有風險的事。當你對投資人講了一個非常誘人的「市場蛋糕故事」後，要回歸理性，好好講一講「盈利模型」，用嚴謹的盈利推算來增加投資人的信心，不然投資人爲什麼要在毫無盈利的前提下，把錢交給創業者呢？

對此，爲了避免做出被嫌棄的不專業 BP，本篇將介紹創業者一定要懂的 7 大數據指標。

01・MRR（月常規收入）

· 釋義：MRR（Monthly Recurring Revenue）是最重要的收入指標之一，意味著公司每月從客戶身上能有多少固定收入，是最穩定的一部分收入，也是用來判斷一個公司未來增長趨勢的最重要指標。如果一家公司月常規收入不斷增長，它的發展前景一定會越來越好。

· 舉例：比如：創業賣漢堡屬於「非常規收入」，這是因爲每個客戶每月來購買漢堡的頻率／金額都不穩定，「非常規收入」是難以預期的；但假設你不僅賣漢堡，同時還推出了 VIP 會員卡，客人需每月續費，那麼續費會員卡的所得，就是「月常規收入」。

「常規收入」相當於一家公司的生命線。擁有越多「常規收入」，公司就有越大的機率能發展壯大，比如微軟每年 office 軟體的使用費，就是一筆非常可觀的營收；保險公司每年收取的續收保費；以及一些影片網站每月收取的會員續費等。

02・RGP（常規性毛利）

· 釋義：「常規性毛利」RGP（Recurring Gross Profit）的計算方式：常規性毛利＝每月固定收入－全域常規性開銷，是指公司除去人力開銷後，眞正能獲取的利潤。這個指標會決定公司是否能壯大，如果常規性毛利偏低，那公司就要及時去融資。

03・tCAC（總客戶獲取成本）

・**釋義**：「總客戶獲取成本」tCAC（total Customer Acquisition Costs），是指平均讓一個新客戶完成指定的流程（付費購買或其他特定流程）結束時，公司花費的總成本。但許多人在計算 tCAC 時，會不小心踏入一個誤區。

・**舉例**：你為了吸引新客戶來漢堡店消費，請人派發 10 元漢堡優惠券，此時你的 tCAC 並不只有 10 元，應該還要算入在該過程中所投入的銷售、營運、人工等各項費用。

04・GMPP（毛利回收期）

・**釋義**：「毛利回收期」GMPP（Goss Margin Payback Period），是評判一家公司是否值得投資的關鍵因素。當投資人經常問你毛利回收期有多久時，其實指的是 BP 中所寫的商業模式，投入成本和獲客成本需要多久才能回收。

・**舉例**：K 是奶茶死忠粉，每天不來上一杯就渾身難受。某天在和同事討論時，發現平時一直在喝奶茶的同事們開始吐槽奶茶的各種不好，尤其是「不健康」又容易「變胖」。於是 K 靈機一動，想到了創業的點子，要做一款「不發胖的健康奶茶」並想以此融資 500 萬創業。

K 信心滿滿地向投資人解釋，100 萬是研發費用，400 萬是市場推廣和營運的各項開支，但投資人卻以回收期過長為由拒絕了 K：「你一杯奶茶的定價最高也就 20 元，即使你一天賣出 500 杯，營收也才 1 萬元，就算撇開其他成本支出，光是 500 萬的投資回收週期就要接近 2 年，這項生意不值得我投資。」

05・eLT（預計生命週期）

・**釋義**：「預計生命週期」eLT（Expected Lifetime）指的是判斷客戶會持續購買我們的商品或服務的時間，人們在預估這項指標時最容易做過於樂觀的預判。

．**舉例**：你賣的是專門給「2-5 歲乳牙期護理期」兒童使用的牙膏，那麼平均每位的客戶生命週期也就是 3 年左右，孩子到了 5 歲，父母就不會再選擇你的產品了。

06 · LTV（生命週期價值）

．**釋義**：「生命週期價值」LTV（Lfetime Value）是指一個客戶從註冊到流失（或是從初步接觸到徹底離開），扣除成本外的價值。計算公式相當於：週期內總毛利（LTV=RGPxeLT）

．**舉例**：同樣是上文提到的兒童牙膏。一個客戶是 3 年的生命週期，每個月會購買你的牙膏 1 次（每隻牙膏 200 元），你的 tCAC 獲客成本是 1,000 元，那一個客戶在其生命週期內的 LTV 就是 3*12*200-1,000=6,200 元。

07 · rCAC（總客戶獲取成本所得回報率）

．**釋義**：「總客戶獲取成本所得回報率」rCAC（Rturnon Total Customer Acquisition Costs），或許是用於分析一家公司業務營運好壞的最重要的一項指標了，計算公式為：客戶生命週期總毛利／獲客成本，即 rCAC=LTV／tCAC。

這項指標將毛利回收期與預期客戶生命週期進行了結合，是獲取一名客戶的開支所獲得的 ROI（投入產出比）。

．**舉例**：還是上文提到的兒童牙膏案例，我們已得出 LTV 是 6,200，tCAC是 1,000，那麼 rCAC 就是 6.2（6.2=6,200／1,000），意思是用於獲取一個客戶的每一塊錢成本最終會變為 6.2 元的回報。

以上和你分享的 7 大商業術語（指標），都是撰寫 BP 時會常用到的，都是用於判斷一個商業模式好壞的重要關鍵依據。

即使你可能從不準備動手撰寫一份 BP，這 7 個指標也能幫助你理性剖析

自己正準備投入的事業，看看是否值得投入？值得投入多少？對於可能爲你帶來的回報要抱有多高的預期？

　　站在投資人的角度重新審視自身的事業，會讓你有全新的體驗和收穫。

23

讓商業計畫書贏在「邏輯力」，獻給創業家的超強提案邏輯

學會借助資本的力量。

過去幾年來，許多朋友都提到投資人的錢越來越難拿了，依靠一份漂亮的 PPT 和精心準備的故事就能拿到大筆風投融資的時代已經過去了，現在投資人更看重 BP 的「商業決策邏輯鏈」。

然而，現在普遍的現象是大家 PPT 越做越美，BP 中的商業邏輯卻還停留在上個階段，著實令人惋惜。

黑主任在這裡，想就創業 BP（BusinessPlan）中的「商業邏輯力」和你做一次深入探討。我將自身撰寫 BP 的經驗思考和網路行銷圈的大神李叫獸、王澤蘊、快刀何、老匡、楊飛、周喆吾等人（我經常拜讀這些大神級人物在網路上發表的文章作品）的方法論進行了系統性融合，旨在為有心創業的你提供一份超強的提案邏輯模型。

本文涵蓋了大量的商業知識，建議分段學習吸收。下面，就請你好好享用這份商業大餐吧！

什麼樣的「商業決策邏輯鏈」會讓投資人覺得可靠並願意投資呢？一個能讓投資人心癢難耐的故事，除了充滿想像的空間外，還必然要貫穿下列邏輯鏈：

①你的創業項目有沒有機會？

②機會有多大？如何判定目標市場份額？

③如何透過嚴謹的盈利推算讓投資人更有信心？

④爲什麼由我們來做這門生意更有機會？

⑤我們將以何種品牌戰略定位打響戰役？

⑥圍繞戰略體系推演出未來發展藍圖與融資計畫

我們今天的文章將圍繞這 6 點進行拆解分析，採取知識理論及案例輔助說明幫助吸收。

創業最可怕的不是融不到錢，而是「哪怕融到了錢，公司也做不到我說的這些事，我爲自己撒下的謊感到噁心」。

此外，爲了不透露眞實商業機密，本文輔助說明用的案例及數據內容，部分來源網上公開資料，部分是黑主任虛構。

*【聲明】撰寫本文的初衷，並不是爲了讓大家依樣畫葫蘆的去說（呼）服（弄）投資人，而是希望各位朋友在踏入創業這條不歸路前，能以更科學嚴謹的概念邏輯和方法論去審視項目的可行性和時機成熟度。

01 · 你的創業項目有沒有機會？

「當然有機會！這是一塊藍海市場，不然我幹嘛選擇創業？」

現存的市場由兩種海洋所組成：即紅海和藍海。紅海代表現今存在的所有行業，也就是我們已知的市場空間。藍海則代表當今還不存在的行業，這就是未知的實操空間。——《藍海戰略》

許多創業家都喜歡用「藍海市場」一詞來比喻，指的是具有龐大的市場潛力，但競爭格局尚未形成的市場類型。

每一位創業者對自己的項目前景都非常看好，甚至有可能會過於樂觀。因此投資人更看重理由的可信度。你爲什麼認爲自己進入的是一塊藍海市場？你是依據什麼來判斷市場的前瞻性？

看到此處，你可以先將本書合上，在腦海中思考一個你非常看好的創業項目，接著拿出紙筆並試著寫下你看好其前景的理由，再打開本書接著往下看。

這麼做是為了幫你更好地把新鮮的想法和下文舉出的誤區做比較。多數新創家提出的理由，普遍存在以下 3 種常見誤區：

（1）主觀盲斷型

案例 1：三線城市 A 的共享 WIFI 項目做得熱火朝天，許多通勤族都下載 APP 在捷運公車上蹭 WIFI，我們完全可以複製到一線大城市 B 來做。只要累積龐大的用戶流量，就可以售賣廣告進行商業變現，且 B 城市的消費水準高，廣告效果一定比 A 好。

事實：大城市 B 的基礎設施建設完善，免費 WIFI 早已覆蓋各大交通系統；城市 A 的共享 WIFI 項目，都是些草根品牌的低價快消品清倉廣告，而城市 B 的廣告業務則是完全不同類型。試想會為了蹭 WIFI 而去專門下載 APP 的用戶能有多高的商業價值？這類用戶並不受到城市 B 的廣告主青睞。

案例 2：某空氣清淨機公司認為，市面上的空氣清淨機都是除 PM2.5 的，而除甲醛的空氣清淨機還完全沒有人做，但是除甲醛又是一個消費者的真實需求，所以只要推出一款專門除甲醛的空氣清淨機，就能瞬間引爆市場。

事實：這是由奧美分享的知名案例，經奧美綜合調查後發現，消費者最在意的空氣清淨機功能 TOP20 中，除甲醛是倒數第三，遠遠稱不上是剛性需求。且消費者在除甲醛時，往往使用的是黃金葛、鳳梨和咖啡渣，便宜又好用，為何還要花數千元來購買清淨機呢？

（2）只看單一有利數據

許多創業家為了讓投資人相信自己的項目市場體量是逐年遞增的，會拿來一份數據報告，稱「A 行業的產值年均增長 20%，市場增長速度度快，預估到 2020 年總產值會來到 500 億，此時不入場更待何時啊！」

這裡最大的問題，在於只看行業總體的市場產值及增長態勢，卻忽略了產

值變化的同比和環比趨勢、競爭格局的變化、消費習性的變化等綜合因素。

（3）盲目使用消費者調查

不少創業家非常喜歡用所謂的「市場調查報告」及「用戶深度訪談紀錄」來說服投資人：「嘿！為了證明我所言不假，還特地做了市場調查，這些都是消費者的真實反饋哦，看到這些你還有什麼好猶豫的呢？」

在此黑主任必須鄭重聲明！透過網路和線下找人填問卷的方式所產出的調查報告和訪談紀錄在投資人眼中，基本上就是個 Nothing，理由如下：

沒有達到一定量級的取樣基數所得出的調查缺乏說服力。
你所調查的對象都能保證是真正的目標消費群嗎？很難！
你確定調查的人告訴你的都是真話嗎？更難保證！

市場調查其實是一項非常需要技術的工作，若非專業機構，自己做的市場調查就盡量別在嚴謹的融資場合拿出來，說不定會適得其反。

那麼，怎樣的邏輯才能強而有力的證明市場機會呢？

①先看市場增長速度，若整體市場增長速度快，剖析原因增強長遠信心：

如果你選擇創業的項目正好是新興行業且正好處於蓬勃發展期，那麼恭喜你！投資人會比你更清楚高歌猛進的市場情況。

這時投資人需要知道的，是為何該市場增長速度會如此之快？背後的原因是什麼？究竟是曇花一現還是一個值得投資的長遠事業？

A.曇花一現的市場快速增長，常常是由熱點事件所導致：如前幾年中國謠傳吃碘鹽可以預防核輻射，導致碘鹽瘋搶。

B.風口炒作：2016 年號稱直播元年，那一年新創了成百上千家直播平台，最後只剩下幾個龍頭還屹立不倒，其他基本都消失了。

C.該產品被當作臨時性的消費替代品：比如 19 世紀中期法國，由於戰爭

動亂和生產衰退，很多奶牛因爲缺少牧草營養不良，導致奶油一度奇缺。

作爲奶油的替代品，當時的皇帝拿破崙三世找人成功研製出了人造奶油，一度占據了市場的主導地位，但是當經濟好轉，人造奶油就被打入冷宮了。

曇花一現的新興行業背後，一般都離不開以上 3 個原因。而值得投資的長遠事業往往都以社會交流、教育普及、消費升級、消費結構和習性改變等不可逆的社會推動力爲後援，可參考下個案例。

②**若整體市場增長速度慢，則對比分析局部市場的增長速度情況：**

比如全球咖啡市場的增長速度僅爲 2%，但中國咖啡消費量年增長幅度爲 15 ～ 20%，因此可以得出中國成長最具潛力的咖啡市場的結論。但同樣，這還需要附上原因分析，如咖啡文化普及和城市化加速，是中國咖啡市場最大成長動力，這就是「以不可逆的社會推動力爲後援」，所以是一項值得投資的長遠事業。

③**市場增長速度不快，從消費結構看是否存在消費升級潛力：**

比如從全國的滑鼠市場結構來看，藍牙滑鼠占比 95%，有線滑鼠占比 5%，但城市 A 的藍牙滑鼠占比卻不到 30%，消費結構不合理，城市 A 的滑鼠市場中藍牙滑鼠增長速度會遠遠大於整體市場增長速度（本數據虛構）。

④**市場增長速度不快，消費結構無明顯變化，但消費訴求在改變：**

網路圈有句廣爲流傳的金句：「每個傳統行業，都值得用網路重做一次。」這句話的背後，代表著網路時代下蘊藏著的消費升級邏輯。因爲社會上的主力消費人群在變化，人們的消費訴求和習慣也在改變。

比如鮮花市場，這或許是一個相對成熟的傳統行業，卻有間網路公司在這樣一個傳統行業裡橫空出世。

這是一家中國網路鮮花 B2C 網路零售品牌：「花點時間」。該品牌在成立之初，就打出了「過去，花是禮物。現在，花是日子。」的口號，許多白領

透過「花點時間」網站訂購花束，每週一次送不同的鮮花來為自己的生活環境增添小確幸，這在職場上，還能成為一種生活品質的象徵。

「花點時間」的每週鮮花宅配服務受到一二線大城市白領的追捧，此現象背後代表的是消費訴求的變化（送禮求愛→生活的小確幸／品味的象徵）和消費習性的改變（花店選購→APP 一鍵購買套餐→每週送上不同主題鮮花）。

「花點時間」不是特例，在中國各個傳統行業裡，都出現了以網路重塑傳統行業商業模式的成功案例。

倘若你依前 3 步對市場機會進行分析：整體增長速度剖析→局部增長速度對比→消費結構合理性，都無法找到站得住腳的論據觀點，那就好好評估一下，在這個傳統行業裡，用網路的方式是否能更有效率的滿足用戶需求？如答案仍為「否」，那麼就勸你換個項目。

*【請注意】以上 4 步分析邏輯不僅是遞進關係，若你的項目能同時在 4 個邏輯中挖掘市場機會，那麼恭喜你，發達了請不要忘記請黑主任喝一杯咖啡哦！

02．機會有多大？

在我們以清晰邏輯闡述了整塊市場機會之後，接著要告訴投資人，我們預計從這麼龐大的市場機會中搶下多大塊的蛋糕（即目標市場份額）？

在講目標市場份額的判定方法之前，有兩個商業知識要和你分享：「品牌類型的判斷」和「二元法則」，熟知這兩個商業知識，有利於判斷公司的目標市場份額。

（1）品牌類型的判斷：

·**領導者品牌**：在行業裡一直壓在其他公司上面的品牌，不但在市場上占有最大的份額，也在價格、新產品開發、銷售戰略等方面都有帶頭的作用。

·**挑戰者品牌和追隨者品牌**：挑戰者品牌也叫市場挑戰者，指在行業中占據領先地位，有能力對領導者品牌或其他對手進行攻擊，並希望奪取領導者地

位的品牌。市場追隨者是指那些在產品、技術、價格、管道、推廣等大多數戰略上，模仿或跟隨領導者的公司。

　　・**市場補缺者**：指選擇某一特定的、比較小的區隔市場作爲目標，並以此作爲經營戰略的公司（比如前文的「哈勒爾清潔劑公司」）。

　　很多行業的中小企業致力於市場中被大企業忽略的某些細分市場，通過專業化經營，來獲取收益。這種有利的市場位置被稱爲「利基」，所以市場補缺者也被稱之爲市場利基者。

（2）定位之父特勞特的「二元法則」

　　指的是一個成熟而穩定的市場上，消費者的心智空間往往只能容納兩個品牌。如果你的品牌無法在同一品類中做到數一數二，就得重新考慮戰略。

　　公司提供的產品或服務若沒有差異化優勢，不能觸動到一群特定的目標用戶，就很難在這個時代生存下去，因爲用戶的選擇實在是太多了。

　　「二元法則」是驗證商業機會的通用方法之一。在大多數領域都存在類似的現象：領導品牌和與領導品牌對立的第二品牌，比如可口可樂和百事可樂、麥當勞和肯德基、淘寶和京東、7-11 和全家等。

（3）學習以上兩個知識後，如何幫助我們判斷目標市場份額？

　　①市場上未出現領導者品牌（老大），公司以領導者品牌爲目標：則可保守評估目標市場份額爲整體份額的 50%。

　　②市場上只有老大，沒有老二：據歷史不完全統計表明，第二品牌（挑戰者或追隨者品牌）的市場份額往往是領導者品牌的一半，市場價值約爲 25%。

　　比如瑞幸咖啡創始人錢治亞稱星巴克的市值爲 815 億美金，如瑞幸咖啡以第二品牌爲目標，則有機會做到 200 億美金的市值。

　　③市場有老大和老二，我們做老三：第三品牌的市場份額往往是領導者的四分之一（約 12.5%）。

　　④大蛋糕被龍頭瓜分，我們要做細分市場的補缺者：則以細分市場份額爲基數，重複前三步的計算方式。

03 · 透過嚴謹的盈利模型，增強投資人信心

過去一兩年，全球資本市場最大的問題，就是用毛利換增長。

很多投資人和創業者都一味地把用戶數或銷售額的增長當做判定一家公司發展好壞的首要標準，結果大量創業公司在沒有驗證好商業模式的情況下就盲目擴張，最後的結局就是半道崩殂。──來源《42 章經》

如何驗證商業模式的好壞？這就不得不再次提到在上篇文章中所分享的 7 大商業數據指標。由關鍵數據指標所串聯成的商業盈利模型，能幫我們理性地剖析項目的盈利可能性。

MetaApp 聯合創始人周喆吾曾說：「現在創業必須符合這兩條其中之一：要麼在每個用戶身上可以榨取很高的價值（High LTV，比如現金貸、大遊戲），要麼有一種獲客渠道便宜到幾乎不要錢（Low tCAC）。」

除了周喆吾所提到的 LTV（客戶生命週期價值）和 tCAC（總客戶獲取成本）外，我再結合另一個關鍵指標 GMPP（毛利回收期）做具體應用說明。

（1）LTV 與 tCAC 的關係

假設現在有一家為白領提供午間快餐外送的創業公司，他們為了獲取客戶而提供免費試吃，每次提供免費外送的成本（算上廣告費、人工、交通費、食材烹飪成本等）是 12 元（虛構），那麼這家公司的 tCAC（總客戶獲取成本）就是 12 元嗎？其實並不是，因為並不是所有拿到免費餐飲的客戶都會產生二次付費購買的行為。

假設每送出 1000 份免費外送試吃（與 1000 個潛在客戶發生聯繫）其中有 600 位客戶會產生二次續訂購買，則實際上的 tCAC=12*1000÷600=20 元。

接著要計算 LTV（RGPxeLT），假設實際產生的 600 位客戶平均會持續在我方平台訂餐長達 2 個月（此處考慮到客戶的流失率，為方便計算說明假設超 2 個月後客戶留存率為 0），根據客戶的回購率與購買行為分析得出單個客戶月均帶來的毛利為 50 元（消費總額減去常規性全域開銷），則單個客戶的 LTV=50*2=100 元。

在本案例中 LTV ＞ tCAC，意思是該公司花出去的錢能在一段時間內帶來更大的回報，而這也是投資人所重視的。

市場普遍認為 LTV ＞ tCAC 時公司是有可能性的，而 LTV ＜ tCAC 時是無意義的；LTV ／ tCAC=3 時，是公司最能健康發展的（小於 3 說明盈利效率過低，大於 3 說明現行的市場拓展策略還太保守）。

（2）不容忽視的 GMPP

當從 LTV 和 tCAC 的關係中驗證了商業模式的可行性後，接下來就要看 GMPP，也就是花出去的錢可以在多長時間內回本。

如果忽略 GMPP，哪怕 LTV ＞ tCAC，公司也可能會出問題。一般市場上認為 GMPP 在一年以內為佳，GMPP 越短，越有利於緩解公司的現金流壓力和市場再投入，也能減輕公司的融資壓力等。

2020 年初新冠疫情爆發，許多公司感受到帳面現金流不足的壓力，在這種敏感的市場變動期，相較於潛在的 LTV，投資人們會更希望 GMPP 越短越好。

04・為什麼由我們來做這門生意更有機會？

前 3 步的邏輯鏈倘若分析正確且應用得當，想必已經讓投資人默默在內心盤算準備往這門生意裡投注多少資金了。

很多人以為到這一步，離成功拿到融資已經八九不離十了，卻往往疏忽了最致命的一點：「投資人相信這門生意有很大的商機，但為什麼要選擇和你們合作？」別忘了除了你們，投資人還有兩個選擇：

（1）投資人自己做

許多投資人本身有自營或合作的創業團隊，完全可以複製你的 IDEA 直接給關係團隊做，別說什麼商業道德，更別用巨大的利益考驗人性。人家可以做到滴水不漏讓你查都查不到，甚至做得更好更棒，你又能上哪裡喊冤去呢？

（2）同樣的市場機會，多個團隊在搶投資

即使你找到真正值得信任的投資人，但是人家的選擇不是只有你，多個團隊搶一份項目投資的情況非常常見，尤其是當你的項目處於風口浪尖上時，比如直播、短片、區塊鏈等。

「為什麼由我們來做這門生意？」這個問題本質上考察的是機會和能力的匹配度，即你憑什麼認為你的團隊能比別人更有機會把握市場？

這時你要先梳理出把握市場機會所需的核心能力，再將團隊的核心優勢進行匹配。這些核心優勢可能是供應鏈優勢、技術優勢、通路資源優勢、行銷人才優勢或是資本優勢等，儘管每個項目匹配出的優勢能力不同，但目的都是一致的：讓投資人深信你是最有機會做成此項目的。

05・我們將以何種品牌戰略定位打響戰役？

「企業只有兩種存在方式，要麼消亡，要麼定位。」定位之父傑克・特勞特一語道出了品牌定位的重要性。

尤其在當今時代，消費者選擇商品時越來越「傲慢」、市場廣告資訊超量的外部大環境下，要給消費者留下深刻的第一印象越來越難，也越來越多人意識到品牌的重要性。但可惜的是，許多創業者對「什麼是定位？」並沒有明確的概念，常陷入以下幾個誤區：

（1）誤以為品牌定位＝ Slogan

「凡是不能一句話或者幾個字說清楚的定位，都不能算品牌定位。定位不是口號，但好的定位，一定能引導出很簡單、很好懂的一句口號。」——《流量池》（楊飛著）。

就如楊飛所言，好的 Slogan 可以傳遞定位與產生傳播，但並不是創業者想一句 Slogan 就能代表你的品牌定位了，這完全是兩回事。

然而即使是一句普通的 Slogan，就連專業的行銷團隊都會失足，更別提許

多普通創業者了。砸下 10 億人民幣對星巴克宣戰的瑞幸咖啡 Slogan：「中國人的高品質商業咖啡」也飽受爭議，知名行銷人快刀何就曾提出這樣的疑問：「中國人的高品質商業咖啡，是否符合心智邏輯和競爭邏輯？中國人在咖啡品類裡，是否擁有心智資源？咖啡是中國人的更好？還是瑞幸咖啡更適合中國人體質？高品質咖啡呢？其他咖啡低品質？商業咖啡？什麼是商業咖啡？顧客心智中有商業咖啡這個詞語嗎？」

　　商業咖啡與其說是顧客語言，不如說和白色家電一樣，是專業語言。綜上所述，「中國人的高品質商業咖啡」在顧客心智中缺乏認知資源，無法成為定位。什麼樣的 Slogan 能稱得上是傳遞定位呢？

　　黑主任認為有 4 個評判標準：①占領心智資源、②提供購買理由、③引導聯想、④分流對手客戶，舉幾個例子：

　　「怕上火，喝王老吉。」──占領心智，提供購買理由。
　　「更適合中國寶寶體質，飛鶴奶粉。」──提供購買理由，分流外國奶粉客戶。
　　「瓜子二手車直賣網，沒有中間商賺差價。」──占領心智，提供購買理由，分流傳統二手車商的客戶。
　　「我是江小白，生活很簡單。」──身分認同心智，引導客戶自我聯想。

（2）誤以為產品差異化即定位

　　許多經典的行銷理論告訴我們，一家公司要立足於不敗之地，必須要有自己獨特的差異化定位。但若是你的差異化優勢無法建立起「優勢壁壘」，那就是無效差異化。舉個例子，許多人眼中的差異化定位是這樣的：

　　·**案例 1─視覺差異**：現在市面上的 PIZZA 餅皮都在造型上玩花樣，我要和別人不一樣在顏色上造成差異化優勢，做出黑色餅皮（竹炭）／綠色餅皮（抹茶）／粉紅色餅皮（粉椰）的 PIZZA，產品的差異化能造就品牌的差異化

並產生網路傳播效應。

‧**案例 2－形態差異**：市面上的洗衣產品要不是粉狀就是液態，其實對於每次洗衣的用量及攜帶運輸非常不方便，因此我司要在產品形態上做到差異化，研製出第一款固態洗衣產品——洗衣塊，絕對能在市場上掀起風潮。

‧**其他常見差異類型**：採用了新型的原料、用了什麼新的技術等。

這些毫無疑問是差異化，但絕稱不上是品牌的差異化定位。一是因為這些差異化都非常容易被對手複製，沒有護城河的作用；二是因為不符合品牌定位的核心原則：占領消費者獨一無二的心智資源。

（3）到底什麼叫品牌定位？

品牌定位是一門高深的學問，絕不是幾篇文章可以寫完的。本文從 2 個方面對品牌定位做簡要的概述：

①品牌定位的原則

在目標消費群的心智中，針對競爭對手的特點找到一個最具競爭優勢的位置，從而幫助品牌在消費者選擇的過程中勝出。這裡有 3 個重點：

A. 進入目標消費者的心智

‧**目標消費者**：一些公司在進行市場行銷活動時，習慣站在自己的角度上提煉亮點和組織行銷語言，他們認為目標消費者正需要這樣的產品和服務，但消費者真的需要嗎？

這裡容易產生一個巨大的認知鴻溝，站在公司的角度，這的確是一大亮點，但拿到消費者面前，他們並不買單。

‧**心智**：一個產品只提供功能價值，是遠遠不夠的。還需要進入大家的心智，讓大家記住你。比如 Google 是搜索的代名詞、淘寶是電商代名詞、抖音是短影片代名詞。

很有意思的是，很多網路品牌投資人衡量一個品牌的績效時，已經不是財

務上的盈利與否，而是有沒有占據某個領域的目標用戶的心智資源。

　　B. 找到差異化的競爭優勢

　　為什麼要找到差異化的競爭點呢？對於公司來說，所謂的贏，是把目標消費者從對手手中搶過來。為了實現這一目的，我們不僅要問自己這款商品比競爭對手好多少，更要問自己「這款商品在哪方面處於第一（或唯一）？」，明確了「第一優勢」後我們就能有的放矢，採取針對性策略搶奪消費者資源。

　　很多人在此時會陷入誤區，認為自己既然已經在某個細分領域做到了唯一（即第一），那不就等於沒有競爭對手了嗎？在此我想引用奧美王澤蘊提出「同行競品」的概念：「**進入某個細分領域的新創品牌和一家獨大的領導者品牌，雖然乍看之下沒有能直接造成威脅的對手，但實際上他們只是沒有同行競品，不是沒有競爭對手。**」

　　比如紙尿布剛被發明出來時，是沒有同行競品的，但他們的競爭對手是存在的：那就是布尿布，以及傳統媽媽們認為使用一次性紙尿布是懶惰代名詞的心理認知，這些都是紙尿布剛上市時的競爭對手。

　　②常見的品牌定位方法

　　品牌定位的方法（類型）很多樣，如自我賣點定位法、隱性痛點放大法、品類升級法、對立競爭法、切換心理帳戶法等，黑主任就不在本文中多說了，而是想和各位介紹一個來自奧美的經典品牌定位三角形模型（圖23-1）。

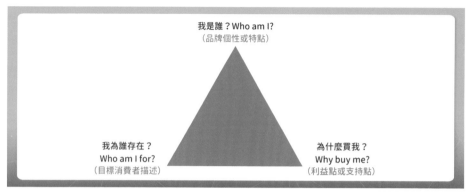

圖 23-1

　　這 3 個問題分別是品牌的自我描述、目標消費者和購買理由。在研究時不分先後順序，任選一個作為起點都是可以的，比如奧美王澤蘊曾分享過 IKEA 的品牌定位案例，這三個問題的答案分別是：

　　· IKEA 的自我描述：生活解決方案提供商
　　· IKEA 的目標消費者：追求美好家居生活的普羅大眾
　　· 對方的購買理由：生活設計美觀又負擔得起的家具、家居飾品和 idea

　　這三個答案連起來，IKEA 的品牌定位句式就是：
　　IKEA 是生活解決方案提供商，為了追求美好家居生活的普羅大眾，提供設計美觀又負擔得起的家具、家居飾品和 idea。
　　因此我們可以得出這樣一個品牌定位的句式：
　　我是（誰誰誰）＿＿＿＿＿＿＿，為了（什麼樣的人）＿＿＿＿＿＿，提供（什麼樣的好處）＿＿＿＿＿＿。
　　這裡要再和大家引入一個 50 年代初由 Rosser Reeves 提出的 USP 理論，該理論要求，企業定位中要向消費者提出的購買理由，必須是一個獨特的銷售主張，包含 3 要素：

‧只給消費者提供一個明確的利益承諾。

‧這個承諾，必須是其他同類競品不具有或沒有宣傳過的。

‧這個承諾，必須有利於促進銷售，一定要強而有力，立竿見影。

以上方法論，希望能在提案前能幫助你確立自身的品牌定位，即使你認為投資人不會詢問你行銷策略，但是學習商業知識的本質目的不是比誰多懂一點，而是為自己的項目事業負責的一種態度。

06‧圍繞戰略體系，推演出未來發展藍圖與融資計畫

一份完整的 BP 不僅要有令人信服的商業邏輯，還需要圍繞先前的戰略定位體系描繪出配套的未來發展藍圖以及向投資人提出融資計畫：

（1）未來發展藍圖：

實現這一戰略定位的營運配套體系是什麼？

現階段的目標是什麼？如何拆解目標？達成路徑是什麼？

商業戰略要分幾個階段執行？每個階段的著重點是什麼？

下一階段的商業模式作何調整，補充和完善計畫是什麼？

長遠的 VISION（願景）是什麼？該賽道的 Upsight（上升空間）有多大？

（2）融資計畫：

‧現在有多少錢？需要多少錢？分別拿去做什麼用途？

‧現有股權比例、預期融資計畫是什麼？

‧稀釋比例、融資架構

（3）創始人及團隊：

‧創始人從業經歷？從業經歷如何幫助現在的創業？

· 創始人累積什麼資源能幫助創業項目？

· 創始人的驅動力在哪裡？使命？激情？理由？

· 是否具有快速決策和執行的團隊職能？

· 團隊成員的分工是否明確？能力互補還是平衡？

· 團隊特色是什麼？團隊的戰鬥力如何？

· 若有合夥人，綁定在本項目內的理由？

投資人不僅會判斷 BP 內涵的商業邏輯鏈是否正確，還會觀察公司團隊內部的成事潛力和判斷外部趨勢。

有時候投資人拒絕投資很正常，這並不代表該項目不好，要保持信心，把每一次商談都當做一次鍛鍊的機會，最重要的是從中收穫反饋進行不斷地反思和優化。所以不要因為一兩次的失敗就氣餒，暫時性的挫折是通往成功路上的重要成分，充滿自信地面對下一位投資人吧！

最重要的一點是要展示你的熱情、專業以及決心。開門見山地陳述，表達堅定而連貫，不要太依賴現場發揮、統計數據以及演示投影片……最關鍵的還是我的熱情以及對項目的信心。投資者相信的是人和想法，而非僅僅的數字。──理查德‧布蘭森

商業融資 PPT 怎麼做？
不容錯過的
VR+ 創業計畫書科技風改版

這個世界，一個人相信什麼，他未來的人生就會靠近什麼。

　　講完了 BP「商業邏輯鏈」後，依照慣例黑主任要和你分享商業計畫書的美感設計。

　　自從第一篇 PPT 改版文章發表後，黑主任就收到了許多熱心粉絲提供的 NG 版題材，我從中選取了一份名為「VR+ 教育商業計畫書」的原版檔案進行了美化改版，而這也是我放入本書中的第二篇改版文章。

　　本篇中，我會換個形式表現，改以「白底文字稿」的形式作為原稿，讓大家能跟著黑主任的想法一起從 0 到 1 進行設計。

　　說到 VR 議題就順勢插句題外話，有位同事離職後就在 VR 領域創業，公司成立一個月就拿到千萬等級的人民幣投資。所以踩對風口，進入正確的賽道真的非常重要。

01 · 剖析問題點，確定改版主軸

以下是我節選的「VR+ 教育商業計畫書」文字原稿（圖 24-1），若是由

你來操刀製作 PPT，你會有怎樣的設計想法呢？

圖 24-1

從整體上來看，製作主要有 3 個難點：

①需要從文字中提煉出關鍵訊息，並找出關鍵訊息間的聯繫關係，以圖表形式更為直觀的表現出來。在有的頁面文字過於簡單，而有些頁面又是文字超量的情況下，如何在保持整體設計平衡的前提下，表現訊息間的邏輯關係？

②要給投資人留下良好的視覺印象，設計的主視覺就要和投資標的「VR+在線教育平台」的行業形象，乃至新創網路品牌的調性相符，體現其前瞻性和科技感。

③在完整版的原稿中多次出現了數據圖表的引用，但都是來自於不同報告的截圖，風格不一致可能會給投資人留下「數據資料東拼西湊，訊息可信度有待考證」的不可靠印象。

在確定了主要製作難點後，就能對症下藥，確定 3 個主要設計方向：

①簡報的設計風格，使用能代表 VR+ 行業的科技風。

②確立簡報的主視覺，確保配色、設計、排版、圖表引用的一致性。

③化繁為簡、精簡文案內容，突出要點，製作成演講型 PPT。

02 · 確立視覺主軸，確定配色方案

本次沒有 LOGO 用來取色，因此可以選擇富有科技感的配色。

再考慮到現場的大小、燈光等場地問題，為避免這些外部的不確定因素對簡報產生影響（如燈光太強導致 PPT 內容不明顯等），選用了深色的背景搭配明亮色系的漸變色。

雖說是深色背景，但是黑主任不建議大家都選用 100% 純黑，純黑的飽和度較高，投資人長時間盯著比較傷眼，可選用其他深色系顏色或是濃度較低的黑色（圖 24-2）。

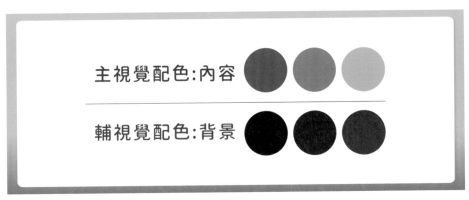

圖 24-2

以上就是本次黑主任選用的配色方案，單個顏色擺在一起好像還看不出什麼名堂，但是當他們融合在一起就能營造出令人怦然心動的美感了。

03．用邏輯思考策畫你的簡報，用視覺美感呈現你的創意

【Page One】原稿（圖 24-3）思考 ING

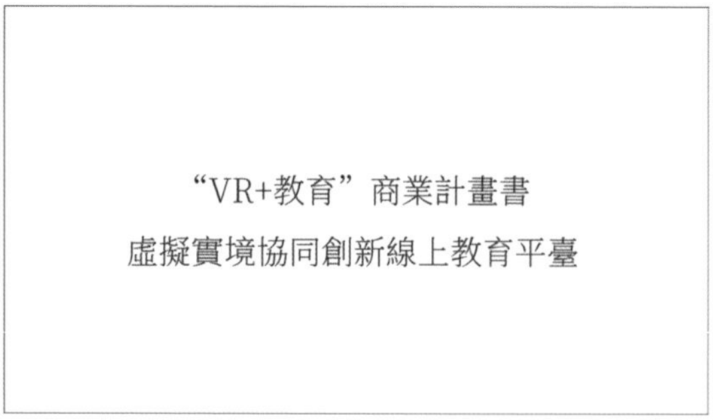

“VR+教育”商業計畫書
虛擬實境協同創新線上教育平臺

圖 24-3

①想要代表 VR+ 的新創行業特性，就不能採用傳統的商務風設計，我們以深色背景的科技風作爲整場簡報的設計基石。

②標題中的「虛擬現實」和「協同創新」沒什麼實際含義，將其作爲副標題進行展示，而「商業計畫書」一詞只能作爲錦上添花，在設計排版有需要時就放，反之就刪除。

改版成品（圖 24-4）：

虛擬現實 協同創新
VR+網絡教育平臺

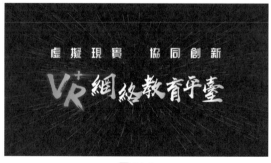

圖 24-4

兩種字體的反差形成了對比，在放射線的科技風背景圖下更具視覺效果。

【PageTwo】原稿（圖 24-5）思考 ING：

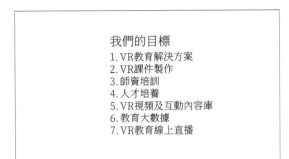

圖 24-5

　　本頁所呈列的 7 大目標，從內容邏輯上看並無先後順序的銜接關係，因此「序號」元素可以刪除，改以並列呈現的方式。

改版成品（圖 24-6）：

圖 24-6

　　蜂巢型的排版方式能讓 7 大要點在視覺上更舒適，也能利於要點吸收。

【PageThree】原稿（圖 24-7）思考 ING：

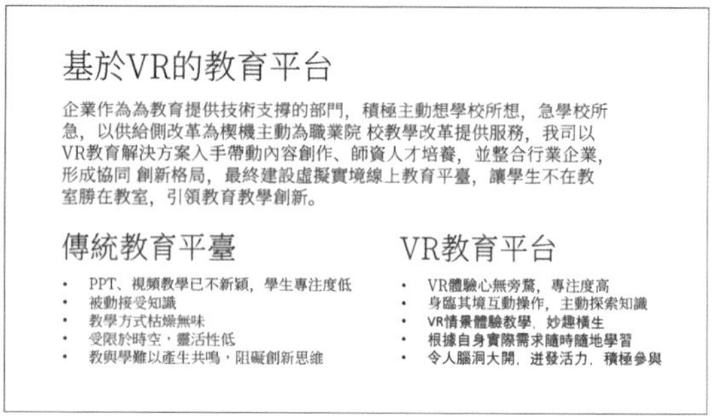

基於VR的教育平台
企業作為為教育提供技術支撐的部門，積極主動想學校所想，急學校所急，以供給側改革為楔機主動為職業院 校教學改革提供服務，我司以VR教育解決方案入手帶動內容創作、師資人才培養，並整合行業企業，形成協同 創新格局，最終建設虛擬實境線上教育平臺，讓學生不在教室勝在教室，引領教育教學創新。
傳統教育平臺
• PPT、視頻教學已不新穎，學生專注度低
• 被動接受知識
• 教學方式枯燥無味
• 受限於時空，靈活性低
• 教與學難以產生共鳴，阻礙創新思維
VR教育平台
• VR體驗心無旁騖，專注度高
• 身臨其境互動操作，主動探索知識
• VR情景體驗教學，妙趣橫生
• 根據自身實際需求隨時隨地學習
• 令人腦洞大開，迸發活力，積極參與

圖 24-7

①本頁的製作要點，在於將傳統教育平台和 VR 教育平台間的更迭優化特性做到一一對應，如此才能體現 VR 平台的優勢。

②大段說明文案過於冗長且無實際價值的內容，反而平白給了觀眾多餘的壓力，可以根據實際排版需求進行刪減。

改版成品（圖 24-8）：

傳統教育
• PPT、視頻教學不新穎，學生專注力低
• 學生被動接受知識，教學方式枯燥乏味
• 教學受限于時間、空間，學習靈活性低
• 教與學難以產生共鳴，阻礙創新思維
VR+ 教育
• VR沉浸性體驗心無旁騖，學生專注度高
• 身臨其境互動式教學，主動探索知識
• 根據自身需求模擬場景，自由自在教學
• 令人腦洞大開激發活力，積極參與創新

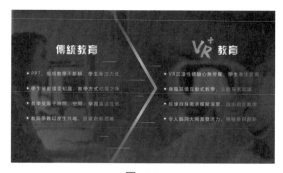

圖 24-8

透過背景色的視覺差異和箭頭引導，能很好地體現兩種教育模式的優劣對比，漸變色的顆粒射線更是增添了動態的視覺感。

【PageFour】原稿（圖 24-9）思考 ING：

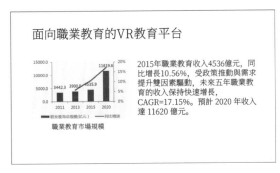

圖 24-9

　　①本頁的問題就如前面所說，在引用數據圖表時，千萬不能為了省事就截圖貼上了事，要改成自己的統一風格，並且要以小字標註數據來源（本案例中無報告來源備註，故改版作品中也未放上該訊息）。

　　投資人投錢給創業者，有時候玩的是千萬甚至上億的資本遊戲，在路演時每一個細節都會影響投資人內心的評分。

　　②從上圖可看出「職業教育收入」預估到 2020 年整體增長速度非常快，但投資人要知道整體市場增長速度快的原因是什麼？你的原因剖析必須明確且突出（見 P.227 頁）。

改版成品（圖 24-10）：

圖 24-10

【PageFive】原稿（圖 24-11）思考 ING：

VR協同創新教育方案功能
1.教師應用管理
2.教學內容管理
3.學生應用管理
4.綜合後台管理

圖 24-11

①本頁內容較少，在排版時要避免留白區域過多顯得畫面空洞。

②原稿這 4 大功能是遞進的邏輯關係（序號有意義），因此將採用從左至右的版式再輔以箭頭元素進行呈現。

改版成品（圖 24-12）：

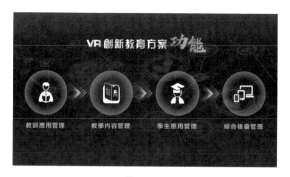

圖 24-12

【PageSix】原稿（圖 24-13）思考 ING：

圖 24-13

本頁不說設計想法，說說有待考證的邏輯問題。

從 TOB 模式到 TOC 模式的箭頭所表達的意思是：在 TOB 的基礎上由於「內容豐富 +VR 硬件普及與頻寬提升」，會刺激學生自掏腰包主動購買平台的技術、服務和內容，這是一個有待考證的邏輯問題，起碼黑主任認為這是一個不通暢的偽命題。

但在業務模式上若出現了此種需驗證的邏輯假設，常常會招致投資人的 challenge，無法以縝密邏輯站住腳的內容建議不要放上去。

改版成品（圖 24-14）：

圖 24-14

以上就是本次修改的全部內容，最後放上改版後的整體圖（圖 24-15）：

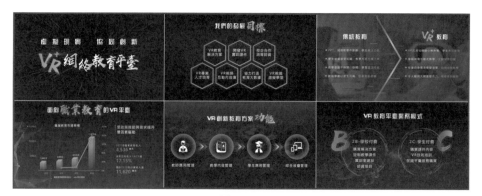

圖 24-15

本次改版作品的原檔案，你可以在隨書附贈的模板大禮包中找到，歡迎下載研究。若你對改版系列的其他文章感興趣，也可以在「職場黑馬學」的粉絲專頁中找到歷史文章紀錄。

六、舞台演講篇

屬於你的舞台
就勇敢站上去！

如何克服緊張與怯場？
4 個方法教你塑造自信與氣場

我為什麼要緊張？我要不是準備好了，就是沒有準備好。

　　「演講」，是建立自信和擴大個人影響力的最有效途徑，幾乎所有的成功人士都是出色的演講者。他們透過演講收獲更多的擁護者，也透過演講影響了許多人的未來。一場精采絕倫的演講，足以對一個人未來能力和事業的發展產生不可估量的影響。

　　我特別認可一句話：「未來的演講者正坐在你的觀眾席上。」或許你曾看著自己欽佩的前輩或偶像在演講台的聚光燈下收獲掌聲，也在當下備受鼓舞產生了一種嚮往，內心默默想著：「總有一天我也可以！」

　　想像力豐富、表現欲強的人，可能還會在腦海中幻想自己站上舞台後那散發自信魅力的模樣，然而這一切美好的嚮往對於大多數人而言，僅僅是停留在腦海中的幻想，從未真正踏出那一步。

　　當機會真正來臨時，更多人的思緒中只剩下緊張、擔心和害怕，之前美好的想像全都蕩然無存。緊張與怯場成了多數人與舞台間的攔路虎，心裡開始被「我不行……萬一搞砸了怎麼辦……還是下次再說吧，這次我還沒有準備好……」等負面思緒占領、開始逃避，這就是「舞台恐懼症」的典型表現。用曾國藩的話來講，就是「你被自己心裡的大毛怪給嚇跑了」。

　　首先你要意識到，緊張與怯場是演講的天敵，但是絲毫不緊張才是演講的

大敵。緊張是人的普遍性情緒，不要因為容易緊張就給自己貼上「不行」的標籤。要知道，即便是每年演講上百場的演講大師，都曾公開承認自己在演講前還是會緊張。

緊張代表了你對這件事的結果足夠重視，反而是一種正面的推進力。我們唯一要做的，就是正確認識緊張情緒，利用它讓我們有不斷精進的動力，然後跨過它，你就會變得更強大。

黑主任在這裡要和你分享 3 個方法，教你戰勝緊張與怯場。

01 · 黑主任的「氣場練成術」

我在第一次上台前也非常緊張，前一個演講者上台的短短 45 分鐘內，我就跑了大概快 10 次廁所，那種緊張感爆棚的感覺，我到現在還記憶猶新。

當時我在心中與自己對話，試圖安撫情緒。我是這麼想的，若是逃避放棄這次演講，我可能會獲得幾秒鐘短暫的舒坦和安逸，但隨之而來的是以後很長時間內的懊悔以及面對下次機會時的膽怯，因此這次我一定要跨過去。

不得不說，當我從演講台上下來時，那種自信充盈的感覺真是妙不可言，同時我也意識到，我再也不會這麼緊張了。

自那之後，我經歷了大大小小近百場的演講及授課，在與緊張情緒的多次交戰中，我也總結出一套能將緊張的負能量轉化為亢奮和自信的方法。

（1）情緒感染法：舒緩緊張又能高漲熱情

①試想自己簡報成功的場景：

適度的緊張可以增加腎上腺素，讓自己表現更熱情、想法更敏捷，但過度緊張會讓人無所適從、節奏亂套並失誤連連，更別談精采橋段的呈現了。

演講前一感到緊張，就閉上眼全身放鬆，想像簡報成功時的場景，身臨其境地提前感受成功的美妙滋味。想像與會人士的積極互動、掌聲與讚揚聲、上司的青睞、客戶的認同及拿下訂單的那一刻，你越擔心什麼就越專注想像那方面的成功情境，可以幫助舒緩緊張又維持熱情高漲。

②試想自己偶像（欽佩對象）的氣場：

當你感到無所適從時，可以多看看自己欽佩對象的演講氣場、技巧與肢體語言，去想像若是這些人來替你演講，他們會有怎樣的表現手法和氣場收放。

閉上眼去琢磨，去學習他們身上令你著迷的亮點，把這些變為自己的亮點。比如黑主任特別喜歡地獄廚神高登‧拉姆齊面對上百人面不改色的霸氣外漏，他的肢體語言與說話風格一直令黑主任深深著迷；還有「埃及馬克老師」頗具風趣的互動演講風格，也一直影響著黑主任在演講之路上的風格。

（2）思緒預演法：深刻的思緒烙印是你泰然自若的資本

千萬不要死記硬背，充分地進行預演，讓講稿內容融入你的思緒中。

很多人非常擔心演講時會忘詞，因此不斷對著講稿台詞進行努力記憶，或是生硬地對著 PPT 進行背稿，殊不知這種死記硬背的方式反而讓你更緊張，甚至會讓你的演講顯得生硬。

當你整理完台詞與重要橋段後，就要開始進行演講前的預演了。對著 PPT 試想自己正在進行正式演講，全流程走一遍，可以用照鏡子、錄音／錄影、請朋友幫忙等方法檢驗，這一段演講中有哪些不錯的點，還有哪些不足的地方，不斷預演修正。

從讀稿到完全脫稿演出，到最後在任何時間都可以在腦海中進行預演。

（3）主客場轉化：屢試不爽的演講撇步

①結交盟友：提早到會場與幾位聽眾交談，了解他們的想法與期待，也使他們對你產生熟悉感。會場內若有幾位對演講者有好感與熟悉感的聽眾，在簡報過程中，會讓演講者更容易獲得良性反饋。

②善出考題：不是簡單的提問，而是一個設計精良的題目（有背景概述、有數據支撐、有疑惑、利於演講內容推進），除了引起觀眾的注意力與興趣外，還能提升觀眾的期待感和現場氣氛的活躍度，在互動提問時，講者與聽眾的主客場位置立刻就調換過來了。

黑主任在現場授課〈淘寶店的選品技巧課程〉時，事前分析了一下報名學

員，發現大部分都是想要開淘寶網店的女生，她們想要賣些代購的化妝品和服裝到中國去，因此在開頭我就出了這樣的一道題目：

代購是跨境生意中門檻最低的一種，每年都有數之不盡的台灣人入行，假設今年你有機會和中國某大學美妝店合作面膜代銷生意，但是由於財力有限，前期你只能主打一個面膜品牌，請問下面三個台灣熱銷面膜，你會選擇哪個品牌呢？

這個問題一丟出來，一下子就激起了大家踴躍地思考和發言。當時學員們普遍認為面膜 A 和 B 會更受歡迎，但在公布數據分析得出的答案時卻是面膜 C，令學員們跌破眼鏡，也讓她們意識到「主觀性選品的劣勢」，如此就能順勢承接課程的主題「用數據化思考進行選品」，為之後良好的授課氛圍打下堅實的基礎。

如果你出了一道題目卻沒人回答，很大一部分原因是題目出得不夠好或是缺乏針對性。

③適時停頓：演講時，出口成章的簡報者固然令人佩服，但善於抓住聽眾思緒的簡報者才是真正的高手，在重要內容／橋段前可以安排 3 ～ 5 秒的停頓，可以再一次抓住聽眾的注意力，切忌滔滔不絕。

④遇錯鎖定：簡報中出一些小差錯無可避免，比如不小心跳過了幾頁投影片、口誤講錯了某個細節、圖片不清晰，甚至使用了錯誤的投影片版本等，但這些對於聽眾來說並不會立即注意到，因此不需特地說出自己的錯誤，保持自信、努力做到最好才是最重要的。

02 · 大前研一的「提案訓練法」

有些學員在聽完了「氣場練成術」後，跑來找我說：「黑主任，雖然我覺得你說的很有道理，但是我還是害怕出錯忘詞，思緒預演對我來說太耗精力了，還是死記硬背比較熟悉。」

但針對提案／演講之前的訓練，大前研一在《思考的技術》一書當中提到了這個方法：

　　我在麥肯錫的時代，一定會讓寫說明演出稿子的人員進行排練。這個時候為了訓練他們，我會做兩件事：

　　第一件事就是對寫稿子的人說：「不要看稿子，試著用 5 分鐘的時間，把內容全部說一遍！」如果做不到這一點，就不可能完成提案。

　　無法掌握說明演出的流程，也會不知道該在何處著陸。如果不能將腳本融會貫通記在腦子裡，並將重點無一遺漏地說出來，提案絕對無法順利進行。

　　另外一件事，就是在中途抽掉一張稿子。例如說到第 7 張時，故意把第 8 張稿子藏起來，要排練的人「繼續說下去！」由於事出突然，大部分的人都會吞吞吐吐、前後矛盾。

　　因為提案者在這種狀況下，如果只能做到記憶第 7 頁，而不知道接下來自己想說什麼時，所說的話將缺乏氣勢，也就無法將該傳達的訊息傳達給對方。一個優秀的提案者，一定能夠一邊想像下一頁的內容，一邊做這一頁的說明。

　　大前研一的「提案訓練法」和黑主任的「思緒預演法」有著異曲同工之妙，此方法不光適合用於自己在演講前的思緒演練，還能用於訓練團隊。

03・艾美・柯蒂：姿勢決定你是誰

　　「姿勢決定你是誰」是一場影響了成百上千萬人的 TED 演講。演講者艾美・柯蒂是哈佛大學的一名教授，她帶領團隊做了一組對照實驗，邀請實驗者先後擺出有權勢的力量姿態和無助的姿態，分別持續兩分鐘，再取其唾液樣本進行分析，發現其中荷爾蒙產生了不可思議的明顯變化：權勢姿態的人睪固酮上升，腎上腺皮質醇下降，無助姿態的人則相反。

　　這種變化造成的最直接結果，就是擺出高權勢姿態的人更加自信、感到力量充盈且更具有風險承擔能力。只是 2 分鐘的姿勢差異，卻讓一個人的氣場產生如此大的改變，這是一個我先前從未想到過的演講準備技巧。

　　若你感到緊張、無所適從，就到廁所或電梯裡，擺出高權勢的姿態（抬頭挺胸，雙手叉腰或直接張開雙臂），就能讓你快速充滿力量感。黑主任親測

有效，這或許是印證了那句名言：「如果你希望自己更強大，那就表現得更強大。」

04 · 附表：演講籌備表

很多演講之所以失敗，並不是因為演講者的內容不好或技巧不行，反而是因為缺乏準備，導致演講現場突發狀況連連，極大影響了演講的效果。所以為了保證演講效果的出眾，我們在開講前就必須全方位的做好籌備工作，具體該做的內容如下表：

器具籌備	翻頁筆、激光筆、備用電池。 現場有無麥克風（有線／無線、有無底座）。 備用的隨身碟（存好 PPT）和電腦。 演講稿多準備一份備用（字體大小是否清晰）。
場地籌備	熟悉電腦位置的擺放、電源接線、網路連接。 投影機放映效果是否正常。 提前測試並調整好麥克風和音響效果。 現場燈光效果是否對演講者或投影產生影響。
流程籌備	重要環節安排：頒獎環節、嘉賓致辭等，需要安排好人員之間的配合、走動順序和占位等。 互動環節安排：提前安排溝通好流程，計算各個互動環節所需時間以及參與人數。 工作人員配合：可能有燈光／音效／切換／錄影等人員的配合，需要事前溝通演練好，確保各個負責人直接的配合無誤。

　　提前準備，是你增強自信和保證演講效果的不敗法門，千萬不要嫌麻煩，畢竟「備而不需勝過需而不備」。

　　最後，黑主任希望你能充滿激情地去演講。充滿激情的演講者擁有鎮住全場的氣勢，具有天然的號召力，更有機會點燃全場的熱情。不要瞻前顧後地計較得失讓機會溜走，更不要謹小慎微地在台上生硬唸稿。

　　人生本來就是一場體驗的旅程，演講更是難得的光榮時刻，盡情體驗就好了，你還同時會收獲一種不計得失、不畏虎狼的勇氣。

26

全場昏昏欲睡好尷尬？
讓演講驚豔四座的 4 步頂尖心法

絕大多數情況下，人不會因為做過什麼而後悔，卻會因為沒做過什麼而後悔。

　　很多人在演講時容易變得特別敏感，過分在意台底下觀眾的一舉一動。

　　一旦發現觀眾開始分心看手機，或是私下在交談聊天。尤其是提出問題沒人回應時，就會感到尷尬，有些人甚至會開始緊張、胡思亂想，進而影響到正常的發揮。

　　在台上，不安的情緒是演講時的大忌，意味著你沒有緩衝空間可以重新建立剛被削弱的自信心，你會開始渾身難受，一心只想著草草結束、逃離舞台，因此也就難逃失敗的命運。

　　每個人都想要成為能鎮住全場的演講者，但不是每個人都能找對方法。有人一味地討好觀眾，個人魅力蕩然無存；有人在演講內容上「自嗨」，只講自己想講的，渾然不顧台下觀眾是否聽得索然無味。

　　這兩類演講者或許能讓演講在平淡中安全落幕，卻絕對無法在觀眾心中留下一絲波瀾，更別談點燃他們的熱情。追究其根本原因，就在於兩者都缺乏了影響力。

　　人們總是會被有影響力的人所吸引。善於構建影響力的人具有天然的號召力，振臂一呼就能全場響應；有些人天生就懂得構建、施加並擴大自己的影響

力，無論在任何領域都是當之無愧的佼佼者。但對大多數人而言，影響力一詞就好似「泡在水中的棉花糖」一般，看不見也摸不著，即使想要提升影響力也無從下手。

不過無需氣餒，因爲影響力是可以人爲設計的。一位演講者是否具有影響力，影響力有多大？都非常直觀地表現在觀眾「願不願意聽、聽不聽得懂、記不記得住、願不願行動上」。

這 4 個問題其實就是設計演講影響力的「靈魂拷問」，在設計演講時不妨從這 4 個角度出發，多問問自己這幾個問題：

（1）願不願意聽

什麼樣的開場能激發觀眾興趣和好奇心？爲什麼他們要把注意力放在我身上？我分享的內容可以爲他們帶來什麼價值？

（2）聽不聽得懂

如何在既定時間內講清楚分享的話題？有沒有更加通俗易懂的語言、形式幫助大家理解，最好是一聽就懂的？

（3）記不記得住

我有何特色？我的風格是什麼？如何充分展示自己的個人魅力？可以設計哪些精采橋段讓人印象深刻？

（4）願不願行動

我希望觀眾能產生何種支持型行爲？如何引導和促成？

學會站在觀眾的角度去設計演講，是提升影響力的關鍵。黑主任根據以上總結出了讓演講驚豔四座的「4 步頂尖心法」。

01‧願意聽

　　毫無疑問，開場是演講中最重要的一部分。如果你不能在開頭就激發起觀眾的興趣和好奇心，那麼觀眾的注意力就會轉向別處。很多人喜歡用「溫水煮青蛙」的方式設計演講，開頭講些與主題無關的內容或是和觀眾熟悉一下，殊不知這樣做的結果，是在一開始就分散了觀眾的注意力。一旦你讓觀眾注意力溜走了，後面就很難再重新抓回來。

　　所以你要從開頭就切入主題，從一開始就激發起觀眾的興趣和好奇心，才有機會牢牢抓住他們的注意力，具體該怎麼做呢？不妨試試以下 3 個方法：

（1）管理觀眾的預期

　　若在開場時就能有效引導觀眾的預期，就有機會利用「顛覆預期」的手段將演講推向高潮，實現效果最大化，賈伯斯正是此方法的箇中好手。

　　在 2011 年 7 月的 iPhone 發布會上，賈伯斯正在進行 Apple 第一代產品的發布演講：「今天我們發布三款產品，第一款產品是搭載了觸控螢幕的 iPhone，第二款是跨時代的 IPHONE，第三款是瀏覽器。」當所有人以為是發布三款產品時，賈伯斯說其實這是同一款產品，瞬間就點燃了所有觀眾的熱情和興趣，引爆了全場的氛圍。

　　可以看到，賈伯斯並沒有採用中規中矩的開場方式，也沒有一板一眼地靠講參數來介紹產品，而是直接找到了觀眾關注的重點，在一開始就巧妙地引導他們的預期，這一切都是為了給「顛覆預期」的高潮橋段做好鋪陳。而最終效果呢？你我都清楚，堪稱是「萬眾期待，舉世矚目」。

（2）先講一個好故事

　　如果你想在一開始就和觀眾產生情感上的共鳴，最好的方式就是講一個特別棒的故事。要知道，觀眾們可能記不住你今天所講的主題內容，但是他們一定會記住一個精采的故事。人類生來就愛聽故事，這是人們理解周邊環境和在世界中自我定位的方式。

　　TED 上有個非常知名的演講〈我在被拒絕的 100 天裡所學到的事〉，是由一位深受悲慘記憶困擾的華裔人士——蔣甲所分享的親身實驗。

　　蔣甲在演講一開始，就講述了自己在 6 歲時所遭遇到的悲慘故事（目的是為之後實驗分享鋪陳）。這是一次非常成功的故事開場，不僅在於故事的內容精采，更在於全場觀眾都沉浸在蔣甲所描述的畫面中。

　　我強烈推薦你去觀看此部影片，不只要看蔣甲如何講故事，更要看台下觀眾的反應，看著他們投入且專注的神情，相信會對你有所啟發。

　　講故事不僅能激發觀眾的興趣，還能提升他們對主題的關注度。因此當你不知如何開場時，試著去講一個故事吧！拋開語法和措辭的束縛，去講一個讓你為之自豪和感動的故事吧！

（3）直指關聯的利益

　　中國知名記者柴靜在著名演講〈穹頂之下〉時就採用了此方法。當時許多人都沒有意識到霧霾的危害，更沒有意識到原來霧霾離我們這麼近，柴靜為了在一開始就喚醒人們的危機意識，她在開場時這麼說道：

　　「這是 2013 年 1 月份北京的 PM2.5 曲線，一個月裡頭 25 天有霧霾。我當時在北京，當我這一年裡反覆看這條曲線時，想回憶當時有什麼印象？什麼感覺？但是記不起來了。那時候大家都說，好像這場霧霾是偶然的氣象原因導致的，就沒當回事……

　　以前我看過一個電視劇叫《穹頂之下》，它說的是一個小鎮上被突然天外飛來一個穹頂扣在底下，與世隔絕、不能出來。但有一天我發現，我們就生活在這樣的現實裡。

　　有時早上醒來，我會看到女兒站在陽台前，用手拍著玻璃，告訴我她想出去。她總有一天會問我：『媽媽，為什麼你要把我關起來，外面到底是什麼？它會傷害我嗎？』

　　這一年當中我做的所有的事情就是為了回答將來她會問我的問題：霧霾是什麼？它從哪兒來？我們怎麼辦……」

　　我相信現場大部分的北京聽眾，聽完了柴靜這一段話之後，內心是極度震

撼的。「原來我之前完全沒有想到，我一直跟**霧霾**共同生活了這麼多天！我的安危、我孩子的健康都完全曝露在**霧霾**的危害之下……」

「直指關聯利益」能在極短時間內把現場觀眾的注意力全部調動起來，讓他們不再是以一個局外人的心態來觀看演講。

02・聽得懂

當我們要向觀眾介紹一些理解有難度的概念（新穎的模式、更迭的技術、行業專有名詞等）時，需要站在對方角度，學會換位思考，借用對方熟悉的事物來表達描述，從而讓聽眾更容易理解與吸收。此方法被稱之為類比法，在這裡介紹你 3 種常用的類比法：

（1）善用生活聯想：

知名活佛加措仁波切在《一切都是最好的安排》一書中，就廣泛運用了此手法：

「人生像一截木頭，可選擇熊熊燃燒，亦可選擇慢慢腐朽。

緊握的拳頭，無法抓住新的幸福。

生活就像是一個瓶子，只有把裡面的痛苦減少到最小，開心的空間才會更大。」

看到了嗎？一些本來非常空泛的雞湯式道理，在加措活佛的類比法描述下，就顯得非常生動易懂，也讓人更容易接受了。

（2）激發聽眾想像：

我們經常可以在商業廣告上看到這類文案：本店今年熱銷商品 A 一共售出 XX 件，可以環繞地球 XX 圈，疊在一起等同於 XX 座 101 大樓。這正是利用激發人們感性想像的手段，從而達到加深印象的目的。

再比如商業中，經常把藍海跟紅海比喻成競爭激烈的不同商業領域，為了讓人更好理解地闡述這一新穎的概念，有人曾用一張圖進行了形象的表達：畫

面中是一片汪洋的大海，海面上是蔚藍的大海，只有一人在衝浪，並搭配文：「藍海，充滿生機。」

而海面下則是一片腥紅的場景，許多鯊魚為爭奪資源在相互廝殺著，流出的血水將海洋染成了一片血海，在血腥的畫面中配文道「紅海，競爭慘烈」，與海平面上蔚藍的畫面形成了鮮明的對比，令人過目難忘。

（3）借用一個被聽眾廣泛熟悉的事物：

當我們要介紹一個全新的訂餐 APP，原本的介紹文案是「專注研發餐飲垂直領域的商用智能軟體，為商家搭建網路經營場景，為消費者提供便捷式消費體驗，串聯並沉澱上下游數據，實現產業鏈一體化營運」。

是不是光聽就「霧颯颯、完全不知所云？」此時為了便於觀眾理解，我們可以借用一個被人們廣為熟悉的事物來進行類比，比如「讓外送點餐，像蝦皮購物一樣簡單，動動手指輕鬆下單」。

03 · 記得住

在聽完一場演講後一個月，觀眾可能早就忘記演講者所分享的內容了。但他們很有可能會記得演講者是一個怎樣的人，這是因為一種名為「個人魅力」的東西在「作祟」。

想成為一位令人難忘的演講者，你一定要充分發揮自己的「魅力資產」，而想要發揮魅力，你先要對自身的優勢和特色做全面的剖析，提煉出個人的記憶點，並透過不斷地練習在演講時盡情展現優勢。

怎麼更好地展示自身的優勢和特色呢？有 2 個方法推薦你一定要試試：

（1）設計精采橋段

出色的演講者總是善於設計精采的橋段。要製造一個令人難忘的橋段，核心是提前試想好一個故事的高潮。來看看賈伯斯和比爾·蓋茲是怎麼做的：

‧牛皮紙袋裡的震撼：就在第一支 iPhone 問世一年後，蘋果創辦人賈伯斯在 Macbook Air 發布會上拿出一個黃褐色的牛皮紙袋。當他說：「這是全世界最薄的筆記本電腦」，並把 Mackook 從牛皮紙袋裡抽出來時，現場沸騰了。

　　這不僅將該產品輕薄的特性展現得淋漓盡致，還改變了人們對於產品設計和廣告的認知。該橋段也被譽爲「賈伯斯從牛皮紙袋裡抽出的驚喜」，並成了在網路上永久流傳的經典。

　　‧被放飛的蚊子們：在 TED 2009 大會上，美國微軟公司創辦人比爾‧蓋茲受邀發表演講，旨在呼籲人們關注蚊子帶來的瘧疾對非洲人民生活的影響。

　　在演講時，他做了一個出乎所有人意料的舉動 —— 比爾‧蓋茲說：「瘧疾是透過蚊子傳播的，今天我帶來了一些蚊子，我要讓牠們在禮堂到處飛。」接著他打開了裝滿蚊子的罐子，這一舉動讓台下的觀眾感到驚恐，人們足足擔心了一分鐘。

　　儘管他隨後向觀眾保證，放飛的那些蚊子不帶有瘧疾病毒，這精心設計的橋段也因爲讓現場觀眾嚇壞了而飽受爭議，但此舉所起到的輿論導向卻是正面的。

　　在引發了諸多媒體爭相報導的同時，比爾‧蓋茲所希冀引起重視的理念「關注瘧疾」也得到了廣泛地傳播。

（2）體現你的幽默

　　個人魅力表現的手法多種多樣，無論是設計精采橋段，還是和觀眾良好互動，背後都需要一個共同的才情做支撐，那就是「幽默」。

　　幽默可以說是一個人最大的才情，同時也是消除觀眾心理防線，使其更容易接受你的想法觀點，同時放大你個人魅力的關鍵。幽默的人總是更容易獲得人們的好感，所以許多演講大師都會不斷告訴學員「成爲一個有趣的人是多麼地重要啊！」

　　但是請牢記一點，幽默雖然等同於有趣，但是**無論是幽默還是有趣，都不等同於搞笑**。如果你把搞笑當作是自己的幽默、有趣的話，那麼黑主任可以很

負責任地說，你的演講風格已經走偏了。

如何成為一個有趣的人？如何成為一個有幽默感的人？如何挖掘屬於自己的幽默風格？這是一個不斷充實、發現自己的過程，並不是一個段落章節或一篇文章就能說得透的。

市面上有許多相關的書籍，可以多買幾本回家一次性讀透，同時看幾本具有內容相關性的書，會讓你在短時間內獲得更大的啟發。在選購時，記得憑著自己的感覺來選，而不是純粹參考數據化購書指標（銷售量、好評價等）。

還有一種我個人十分推崇的、提升幽默感的方法，那就是找 1 ～ 3 位學習對象。這些人可以是你生活中的朋友、同事或電視節目上的偶像，只要你認為他身上充滿了迷人的幽默感，就細細地留心觀察他體現幽默感的細節之處並向其學習。只要你不斷地更新這份觀察名單並持之以恆地學習吸收，進步的速度也一定會超出你的想像。

04 · 付出行動

判斷一場演講是否取得了令人滿意成果的標準，就在於你能否讓觀眾產生你所期望的支持型行為（熱烈的掌聲、成為粉絲、分享演講照片、購買商品或服務等）。

想要激發觀眾付出行動，你需要精心設計結尾處的引導。如果你在演講過程中已經成功抓住觀眾的注意力，那千萬不要用一個平淡無奇的、草草收場的結尾來毀掉它。

著名的「峰終定律」告訴我們，如果在一段體驗過程中的高潮處和結尾給人的感受是愉悅的，那人們就會認為整場體驗的感受都是愉悅的（所以你該知道為什麼 IKEA 要在最後為客戶提供超便宜冰淇淋了吧？）。

只要結尾設計的巧妙，就能大幅度提升人們對整場演講的好感，也會更願意付出行動支持演講者。

至於結尾處該如何引導觀眾付出行動，又該做些什麼才能給人留下難以忘懷的記憶？我將在本書的最後進行詳細描述。

臨危不亂，
如何應對冷場與觀眾刁難？

人無笑臉莫開店，人無度量莫為師。

　　「黑主任，我在演講時最怕兩種情形，一種是極度尷尬的冷場，另一種就是觀眾的刁難。一旦遇到了這兩種情況，我該怎麼處理才好？」

　　經常會有學員向我坦誠他們對演講的憂慮，在這些充滿焦慮情緒的問題中，我發現「冷場」和「刁難」兩個詞彙出現的頻率高得驚人，**這也表明了大部分演講者在前期經驗不足的情況下，缺乏「突發情況的應對方法」**。我想針對這兩種情形做具體分析和應對技巧的分享。

01 · 演講中冷場怎麼辦？

　　眾所周知，互動提問是演講時近乎萬能的環節。但也時常會有演講者遇到尷尬冷場時，比如沒人願意回答你時該怎麼辦？

（1）前期策畫：預設觀眾願意且容易回答的問題

　　要知道，你所問的問題之所以沒有人願意回答，往往是問題本身出了問題。策畫問題的關鍵，是問題本身一定要和演講主題有關。很多人在開場時所

提出的暖場問題大多是隨性發揮，比如「午飯吃飽了沒？能聽到我的聲音嗎？大家有沒有看過最近新上映的那部電影？」這類生活化的問題，觀眾的回答意願自然不強。

你可以回想黑主任在前文（見 P.257 頁）和你分享的，我針對來現場學習淘寶推廣的學員所設計的問題。首先是和本課主題有著極強的關聯性，且是針對學員實際情況進行設計的，如此一來，學員們的回答意願就非常強；其次是問題要足夠具體，並不是一上來就問「你認為什麼商品做淘寶最好賣？」這類問題太寬泛，容易讓人摸不著頭腦，所以我設計了一個背景情境，先讓學員有了代入感，再拿出了 3 個面膜品牌讓他們做選擇題，而不是做開放式提問。

還有一個方法能有效提升問題的質量，那就是「用故事帶出問題」。比如你問觀眾：「學好 PPT 能提升哪種職場競爭力？」沒人回答你，可能是因為過於突然導致大家抓不到方向，不敢隨意回答。

這時，你可以用一個故事來適當引導：「你們知道嗎？PPT 做得好的人，在職場上真的很吃香。我有兩個朋友小剛和小智，在畢業後同時進入一家行銷公司，小智因為 PPT 做得好，所以老闆總願意帶著他出去見客戶提案……你們認為 PPT 在小智升職這件事上，發揮了哪些方面的助力？」

總結一下，在提升問題質量方面，有 3 個訣竅：
①問題要和演講主題有關。
②問題本身要足夠具體，先讓觀眾做選擇題。
③透過講故事的方式帶出問題。

（2）演講前：提前到現場結交盟友，埋下暗樁

提前到現場和幾位早到的觀眾聊聊天，交交朋友，了解他們來聽演講主要是想解決哪方面的困惑？學習到什麼知識？

如果能知道名字的話就更好了。如此一來，在演講時台下觀眾席間就等於有你的自己人了，這會讓你感到底氣十足，顯得鎮定自若。而「暗樁」對你發出的互動邀請也會更加積極配合。若到了提出問題卻沒人回應你時，直接找他

幫忙解圍不就可以了嗎？

（3）演講中：利用從眾心理步步引導互動

很多演講者的第一步互動，往往是藉由某個理由讓大家把手舉起來，美其名曰「先讓大家動起來」，出發點很好，但若是角度錯了，可就適得其反了。

比如之前有個老闆，在公司內部演講時，開頭就問：「誰還沒有買過我們公司的產品呀？舉個手讓我看看。」

事實上大部分員工都已經購買過了，只有少部分人還沒有買。但這些少數人正準備舉手時，卻發現大部分人都沒有舉手，這時他還敢把手舉起來嗎？於是當這個問題拋出來後，全場鴉雀無聲，場面一度很尷尬。

其實只要換個問法，情況就會完全不一樣。如果老闆問的是：「買過我們公司產品的人都舉個手讓我看看。」可以推測會有大部分人響應，餘下少部分的人不管他舉手與否，對整個演講而言都沒什麼影響，關鍵是互動的第一道開關已經打開了

（4）演講中：設置遊戲獎勵或小組競賽的規則

想要鼓勵觀眾踴躍回答你的問題，光靠蒼白的語言是無用的，還是需要從人性的角度去設計激勵規則。你可以試試以下 2 個方法：

①拋出獎勵誘餌：若你希望推動現場，形成積極互動的良好氛圍，那你一定會需要個輔助來獎勵踴躍回答的行為，以此增強儀式感。你可以事前準備一點小禮物，獎勵前幾名發言的觀眾。

②設置小組競賽：這是一個非常有趣的互動方法，有利於炒熱氣氛。你只需提前在演講前告知小組競賽的遊戲規則，我相信會有很多人為了榮譽「挺身而出」。但是也要特別注意，別讓競賽遊戲影響演講的推進，因此這個方法也考驗著演講者的控場能力。

02 遇到觀眾刁難怎麼辦？

既然踏上了演講的舞台，就不可避免會遇到觀眾提出五花八門的問題。

對觀眾的疑問做出回應，也是演講者必須承擔的責任。注意，我這裡用的詞彙是「回應」而非「回答」，即使觀眾提的問題已經超出你能力的範圍甚至是演講的話題範疇外，你也要以合情合理的方式進行回應，千萬不要把觀眾晾在一邊，讓他們下不了台。

（1）3 大處理原則

①**不要讓場面失控**：作為演講者，千萬不能為爭一口氣與觀眾爭得面紅耳赤，這不僅有失體面，也對其他觀眾不負責任，沒有任何意義。

②**千萬不要讓聽眾難堪**：不要惡意揣摩觀眾的意圖，縱使他提出的問題令你感到為難，也要尊重他、讚賞他的提問行為。一個因觀眾自由表達意見而「懲罰」觀眾的演講者，是無法贏得絲毫尊重的。

③**更加不要讓自己難堪**：可以試試以下方法，讓自己再遇到刁難或突發狀況時，得以全身而退。

（2）遇到刁難時的應對方法

有經驗的演講者往往能預判觀眾可能會提出的問題，也就能提前預備好回答想法和答案。至於如何才能提升預判問題呢？很簡單，使用 P.256 頁所述的「思緒預演法」即可。

在預演的過程中不僅能發現原定流程的不足之處，還能站在觀眾的角度發現「他們想問的問題」。不斷進行思緒預演，直到你找出所有能預判的、與演講主題有關的問題，並提前備好答案。

即使這些答案最後沒有用上也沒關係，至少你將造成內心不安的因素降到最低點。退一步講，不怕一萬就怕萬一，若觀眾真的提出你原本能準備好、卻因心存僥倖而放過的問題，那麼給你帶來的負面影響，就不光是支支吾吾的尷尬，還會有內心的懊悔。

不打沒準備的仗，「提前預估問題並備好答案」是我首選推薦的應對方法。在正式演講時，根據可能發生的不同情況，我也列出了應對之法：

情況①：觀眾提出與本主題有關的問題，你可以回答。

這是最理想的情況，完美得體的回答不僅可以樹立演講者的權威性，也是炒熱現場互動氣氛的好機會。可以參考下方「三步走」流程進行解答：

步驟一：首先對提問者表示鼓勵和感謝。

步驟二：複述問題，確認你的理解是否正確。

步驟三：解答後和對方確認是否解決困惑。

情況②：觀眾提出與本主題有關的問題，但太專業了你無法回答。

此時先要保持鎮定，千萬不能讓觀眾感受到你的侷促不安。黑主任有 3 個方法能幫你順利脫困：

‧**時間緊迫法**：你可以這麼回應：「這個問題問得非常好，但因我們所剩時間不多，你問的問題我已經記下，等演講結束或中場休息時，我們再來相互交流和討論。」而等演講一結束，你就立刻「尿遁」躲到廁所裡用手機 Google 答案或向外求助。

‧**聯繫方式法**：與「時間緊迫法」的回應想法類似，不同之處在於你要提供自己常用的聯繫方式（如 LINE 或 Facebook，建議不要留私密的手機號碼）。

這也意味著你給出了事後回應的承諾，因此留下聯繫方式後，無論如何都要給對方一個回應和交代。

‧**踢皮球法**：像踢皮球一樣，把遇到的問題轉移給現場別的觀眾，讓大家一起參與討論。你可以這麼說：「我覺得這個問題問得非常好，很有討論的意義和價值。在我回答之前，我也想聽聽現場其他觀眾的寶貴想法，讓大家一起討論。來，我們就從 A 隊的隊長開始回答，你對這個問題的看法是什麼呢？」

當然，此方法的使用是有條件的，一是現場需有良好的互動氣氛做基礎，二是你點名代替回答的觀眾要對你釋放出想要表現的信號（透過眼神交流可以幫你快速識別這類觀眾），否則會很容易引起觀眾們的反感。

情況③：觀眾爲博取注意，刻意提出刁難問題。

若眞遇到了一些爲了出風頭、博取注意而刻意刁難的提問者時，你可以「打太極」，將問題反推給提問者。你可以說：「你問的問題非常有深度，那麼相信你一定非常關心這方面的資訊和知識，我也想了解下你對於這個問題是否有自己獨到的見解。你是否可以用 2 分鐘時間，和現場觀眾一起分享呢？」同時你還可以帶動觀眾們一起鼓掌，鼓勵提問者繼續發言，這是一個反擊力度非常強的太極法。

最後，黑主任希望當你站在演講台上，感覺到他人在「刁難」你時，第一反應不是憤怒和想著如何反擊，而是讓自己冷靜下來，保持平穩的情緒去分析提問者行爲背後的動機。或許他並不是想讓你難堪，純粹就是自己想知道答案或喜歡問問題，不要因爲問題難以回答就把提問者「妖魔化」。

演講就像是一面鏡子，你釋放幽默對方就回應以歡笑；你釋放憤怒對方就會用惡意回應。你想獲得觀眾什麼樣的回應，取決於你自己怎麼做。

如何設計有趣的結尾橋段，
讓觀眾對你印象深刻

機會最喜歡喬裝成「麻煩」，才會讓你看不到，抓不住。

　　如何在 PPT 演講的最後，製造令人難忘的結尾橋段？

　　演講的開頭和結尾都需要精心設計，一個草草收場的結尾，會讓觀眾給整場演講打上大大的「負評」。

　　結尾是幫助觀眾回憶演講內容、利用情感促使人們行動的最好時機。儘管經驗豐富的演講者一直在反覆提倡「不能虎頭蛇尾」，但我們用很多的時間和精力去設計封面，而結尾頁卻往往是複製封面的設計樣式，再把標題文案改成「謝謝觀看」或「Thank you」就結束了。

　　正是在結尾處所偷的這一絲絲的懶，讓你錯失了幫演講加分的最好機會。那麼在結尾頁到底該寫上什麼，才能既顯得與眾不同又能瞬間提升格調呢？黑主任有 5 個簡單又實用的方法。

01 · 幽默趣味法

　　若你是一個幽默有趣的人，不喜歡嚴肅而平淡的結尾，那麼我建議就在結尾處將你的個人特質表現到極致，不妨看看以下充滿著趣味性的結束語：

　　案例①：Thank you for your listening and sleeping：在常規的禮儀性感謝語上添加了詼諧幽默的自嘲語，著實讓人忍俊不禁。類似的結束語還有「睡覺的，該醒醒了」和「最後一件事，幫我叫醒你身邊打瞌睡的人」等，還可以再配上一群人睡覺的底圖背景，幽默感滿分。

　　案例②：「講完了，不用謝。」當別人都在千篇一律表示感謝時，你反其道而行的來一句「不用謝」，在戲謔中活躍氣氛。

　　雖說人人都喜歡和有趣的人打交道，也有不少名人在嚴肅場合透過幽默橋段的表演獲得了聲譽和讚賞，但對於大多數普通人而言，「幽默趣味法」並不適合用在正式的場合中。

02・實用互動法

　　想在最後再和觀眾進行一次互動？那你一定是個充滿自信、且活力四射的演講者，試著從以下方法中汲取靈感吧：

　　案例①：「有問題，隨便問」「要麼提問，要麼鼓掌」或「先來點掌聲，再回答問題」。大膽地展露出自己的霸氣，真正的自信敢於直面台下的質疑。

　　案例②：在最後一刻給觀眾超出預期的驚喜，你可以透過組織抽獎、頒發獎勵、加碼放送等形式做出「結尾彩蛋」，為演講加分。

03・金句語錄法

　　用名人金句再次強調主題，配合應景大圖的使用能起到點睛之效。最佳的選擇，是那些能高度總結演講主題的金句，若你實在想不出能點題的語錄，就請試試看通用的「勵志型語錄」或「祝福型語錄」吧：

（1）勵志型語錄
只有苦練七十二變，才能笑對八十一難。
不是因為看到希望而堅持，而是因為堅持才看到希望。

起點可能影響結果，但不能決定結果。

面對失敗，最難過的不是我不行，而是我本可以。

（2）祝福型語錄

願你我都能成為更優秀的自己。

感謝相隨，願前程似錦。

你來到世間一遭，總要發光發亮。

如果今天的你比昨天的你更優秀，那麼你就是自己的英雄。

04・聯繫方式法

很多演講者會在結尾頁放上聯繫方式或社交媒體帳戶，希望引導觀眾關注，從而達到增加粉絲和流量的目的。但很可惜的是，並不是每一位觀眾都願意現場掏出手機關注你的。

想要提升關注量，首選辦法就是提供人們一個「無法拒絕的行動主張」也就是關注的動機（圖 28-1）。

圖 28-1

　　例如當你看完本書後，你不一定會主動跑來關注黑主任的粉專，但只要我在結尾處提醒你，現在關注粉專「職場黑馬學」，並私訊輸入關鍵字「PPT 出書」，就可以獲得隨書附贈的模板作品大禮包（這是真的），那麼請問你還在等什麼呢？

05‧影片感染法

　　用影片作結尾的演講案例不勝枚舉，在結尾處播放一個製作精良的影片，能有效烘托現場氣氛，增強情緒感染力；同時還能為觀眾提供視覺和聽覺的沉浸式體驗，加深人們的理解和印象。

　　黑主任在與 YOTTA 合作的網路課程《職場黑馬的必勝簡報術》中，就用 PPT 製作了一則精美的影片《黑主任給你的一封信》，放在了最後一堂課的結尾，作為整系列課程的收場。現在我將這封信的內容與你分享、共勉：

　　謹以此封信
　　致那些為學習而付出的時光
　　致每一個努力堅持學完課程的你
　　蔡康永在《康永，給殘酷社會的善意短信》中
　　寫到這樣一段
　　15 歲那年，覺得游泳難，放棄游泳
　　到 18 歲遇到一個你喜歡的人約你去游泳
　　你只好說「我不會耶！」
　　18 歲那年，覺得英文難，放棄英文
　　到 28 歲出現一個很棒但要會英文的工作
　　你只好說你只好說「我不會耶！」
　　人生前期越嫌麻煩、越懶得學
　　後來就越可能錯過讓你動心的人和事，錯過新風景
　　每個人都想改變現狀，都想獲得成功

他們總是期望情況能主動向著有利於自己的方向轉變

但他們忽視了最重要的一點，他們必須先改變自己

沒有一蹴而就的成功，只有一點一滴的靠近

不是因為運氣好而成功，而是因為一直在做準備

每一步都早那麼一點點。越努力、越幸運

黑主任希望

你能每天不間斷地去做對你未來意義重大的事

就算只有 10 分鐘，但就是這 10 分鐘，會讓一切變得不同

什麼都不會跟著你一輩子

青春不能，美貌不能，戀人未必可以白頭偕老

金錢財富也說不定什麼時候就不辭而別

但是那些年為提升自己而習得的技能會跟隨你一生，

在每一個重要的關鍵時刻

成為你最大的助力與幸運

國家圖書館出版品預行編目資料

升職加薪必備!職場黑馬簡報術：讓你不再莫名踩地雷,在每個關鍵時刻脫
穎而出!／黑主任作.-- 初版.-- 臺北市：如何, 2020.07
　　288 面；17×23公分 --（Happy learning ；185）

　　ISBN 978-986-136-553-4（平裝）
　　1. 簡報
494.6　　　　　　　　　　　　　　　　　　　　　109007122

www.booklife.com.tw　　　　　　　　　　　reader@mail.eurasian.com.tw

Happy Learning　185

升職加薪必備！職場黑馬簡報術：

讓你不再莫名踩地雷，在每個關鍵時刻脫穎而出！

作　　　者／黑主任
發 行 人／簡志忠
出 版 者／如何出版社有限公司
地　　　址／台北市南京東路四段50號6樓之1
電　　　話／（02）2579-6600．2579-8800．2570-3939
傳　　　真／（02）2579-0338．2577-3220．2570-3636
總 編 輯／陳秋月
主　　　編／柳怡如
專案企畫／尉遲佩文
責任編輯／丁予涵
校　　　對／丁予涵．張雅慧．柳怡如
美術編輯／林韋伶
行銷企畫／詹怡慧．曾宜婷
印務統籌／劉鳳剛．高榮祥
監　　　印／高榮祥
排　　　版／莊寶鈴
經 銷 商／叩應股份有限公司
郵撥帳號／ 18707239
法律顧問／圓神出版事業機構法律顧問　蕭雄淋律師
印　　　刷／龍岡數位文化股份有限公司
2020 年 7 月　初版

本書內文所使用之圖片來自 pixabay、Pexels 、freepik 圖庫；所使用之模板來自 iSlide。

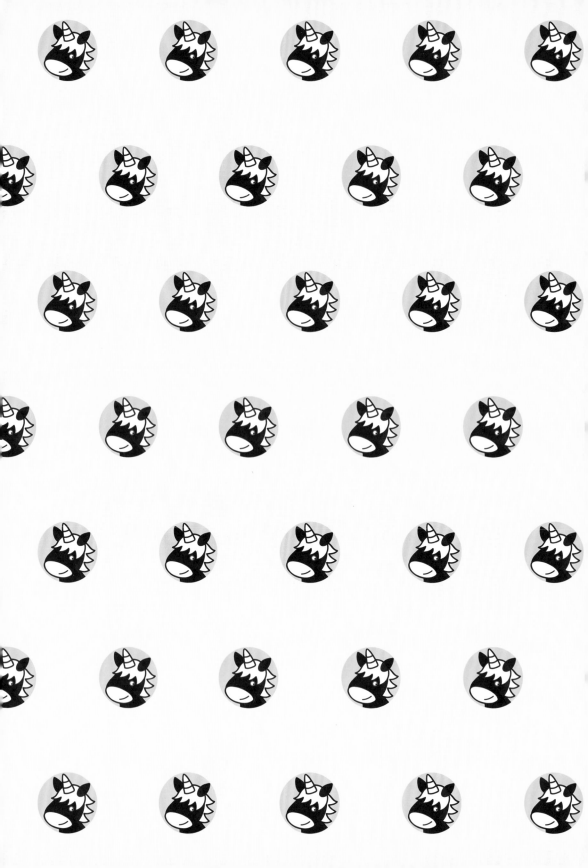

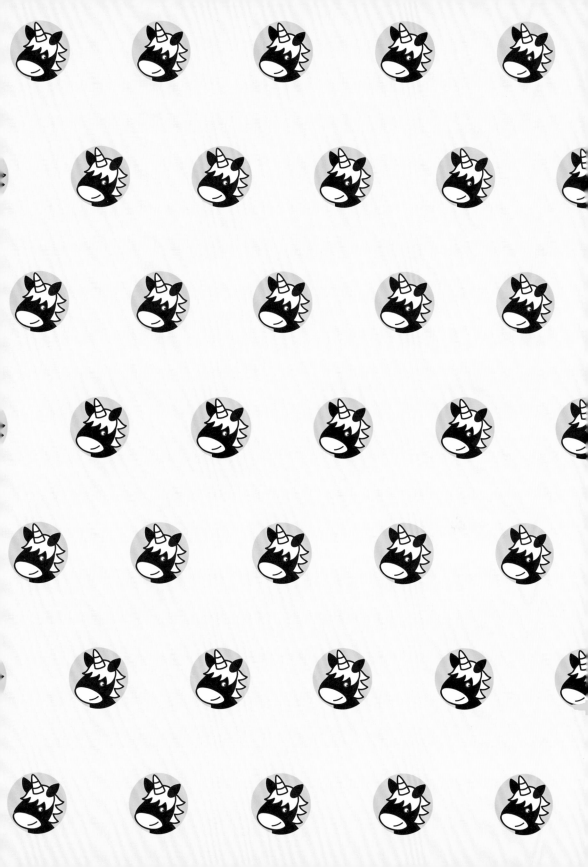

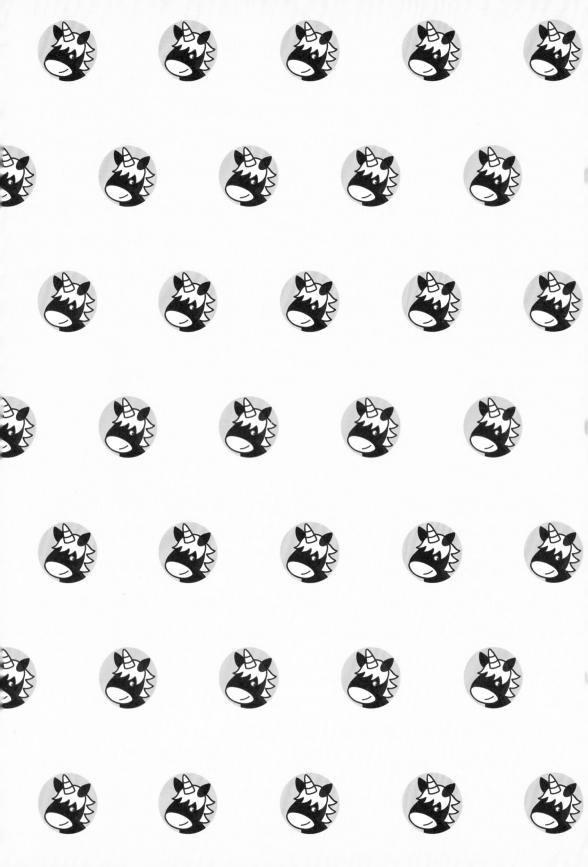